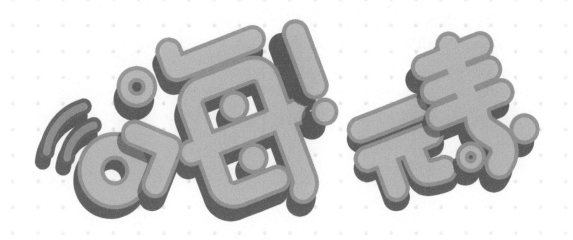

元素使者和化合物精灵

美丽科学 著

人民邮电出版社
北 京

图书在版编目（CIP）数据

嗨！元素 ：元素使者和化合物精灵 / 美丽科学著
. -- 北京 ：人民邮电出版社，2017.9
ISBN 978-7-115-46122-3

Ⅰ. ①嗨… Ⅱ. ①美… Ⅲ. ①化学元素－普及读物
Ⅳ. ①O611-49

中国版本图书馆CIP数据核字(2017)第145017号

内 容 提 要

　　《嗨！元素：元素使者和化合物精灵》是美丽科学出品的"嗨！元素"系列中的一本科普读物。"嗨！元素"系列的特色是用孩子们喜爱的漫画形式，将看似枯燥的科学知识融入生动有趣的插画和故事中，激发孩子们的想象力和对科学的好奇心。

　　本书的第一部分通过精心设计的元素使者形象、生动的插画和诙谐幽默的文字，介绍了元素周期表前20种元素的主要性质；第二部分介绍了由这20种元素构成的80种化合物。本书中所有元素使者和化合物精灵的卡通形象都为独创，且在形象中融入了元素和化合物的性质以及应用，有助于孩子们形成直观的印象，在获得阅读乐趣的同时理解和记忆相关知识。本书还附赠一本小册子，内为《嗨！元素：小剧场》中的部分四格Q版漫画。

　◆ 著　　　　　 美丽科学
　　　责任编辑　　韦　毅
　　　执行编辑　　杜海岳
　　　责任印制　　陈　犇

　◆ 人民邮电出版社出版发行　　北京市丰台区成寿寺路 11 号
　　　邮编　100164　电子邮件　315@ptpress.com.cn
　　　网址　https://www.ptpress.com.cn
　　　涿州市般润文化传播有限公司印刷

　◆ 开本：787×1092　1/16
　　　印张：9.25　　　　　　　　2017 年 9 月第 1 版
　　　字数：148 千字　　　　　 2025 年 1 月河北第 26 次印刷

定价：49.00 元

读者服务热线：(010)81055410　印装质量热线：(010)81055316
反盗版热线：(010)81055315
广告经营许可证：京东市监广登字 20170147 号

献给热爱科学的 _____ 。

（用笔在横线处写上你的名字吧！）

序 一

美好的生命，奇妙的元素

世界万物，五花八门。还依稀记得读小学四年级的时候，在读初中的哥哥告诉我：万物之本居然是那么几十个叫元素的"东东"，不管有没有生命的东西，都是由元素构成的，而且有一张把所有元素排列得整整齐齐的"元素周期表"。那时的我，好奇心同你们一样强，记忆力同你们一样好，居然马上用方言把整张元素周期表都默默记下来了。不信？现在就背给你听！

认识了元素，再来看待生命就更有意思了：好事坏事都与元素有关。就人体来说，我们体重的 99% 仅来源于 6 种元素：氧、碳、氢、氮、钙、磷。另外还有 20 多种元素，没有不行，多一点或少一点也不行。比如我们的心脏的跳动和大脑的思考离不开钾元素；我们输运氧气的血液离不开铁元素；而锌元素如果不够，恐怕就比较容易伤风感冒；而碘元素的缺乏会导致甲状腺肿胀，等等。当然，也有很多元素对我们的身体危害多多，比如高镍有可能引发鼻咽癌，高氟会得氟骨症，而金、银、铜、铅、钴、铬、汞、镉等大约 45 种重金属元素会对人体的很多脏器造成一定损害或使人中毒。

我所研究的基因组学，简单来说就是研究使生命之所以成为生命的"遗传信息"是如何记录在 DNA 之中，又是如何发挥作用的。从元素的角度看，DNA 是由 4 种"基本单位"组成的，这 4 种"基本单位"则是由 5 种元素（碳、氢、氧、氮、磷）构成的，而这 4 种"基本单位"不同的排列方式，便成为了所有生命都通用的"遗传密码"。要想探索生命的奥秘，学习有关化学元素的基本知识至关重要。

感谢创作本书的"美丽科学"团队，给我们的孩子们献上了这样一本制作精美、图文并茂的《嗨！元素：元素使者和化合物精灵》。他们用老少皆喜的漫画形式，用轻松幽默的生动语言，把元素周期表中前 20 种元素和 80 种常见的化合物的知识和故事娓娓道来。在国内的科普书籍中，这绝对是一个大胆而崭新的尝试。

我一直都认为，科普既是对孩子们的一种教育方式，也是对成年人科普责任的提醒和自身的补课。我很高兴地看到，大批有识之士纷纷加入到科普大军之中，尽职尽责，建言献策，这是科学好风气的开端，可喜可贺。

希望有更多像《嗨！元素：元素使者和化合物精灵》这样的适合于孩子阅读的创新作品问世，也希望更多的孩子爱上科学，因为这个世界是你们的。

杨焕明

深圳华大基因研究院研究员

中国科学院院士

于 2017 年儿童节

序 二

美丽科学——"科学 + 艺术"的杰作

我写过一篇评论，题目叫《科普是科学家的天然使命》，一些科学家看到后跟我讨论，说科学家的天然使命就是做科研、做学问，不应该是科普。实际上，在做科普的过程中，我发现，中国的科普事业，短板在于传播，短板在于教育，短板在于科学家参与度不够。因此，我希望，中国的科学家除了是科学家，还应该是"科学 +"，用科学 + 人文、+ 社会、+ 艺术、+ 经济、+ 教育，去影响我们社会生活中的方方面面，让人类社会的生活更加美好。这是科学家群体应尽的社会责任。

科学 + 人文，让大家知道科学是温暖的，是有温度的，不是遥不可及的阳春白雪。

科学 + 社会，让大家都用事实说话，以理服人，让中国社会更加理性、平和。

科学 + 艺术，让大家知道科学是美的，是对未知世界的探索，是人类好奇心的天然驱动，科学本身已经足够有趣。科普不能用公式和术语让人望而却步，要努力做出没有公式和术语的科普作品。

科学 + 经济，让大家知道科学是有用的，可推动中国经济从低端制造业转型到创新驱动发展。举些例子，尿不湿的发明，原本是为解决航天员升空时没法大小便的问题；医院的重症监护病房，原本是给航天员做健康监测用的；超市商品的条形码，最初是为航天器里面数万个元器件标明"身份"用的；数码相机里的芯片，最初是为了方便将在太空拍摄的图像传回地球；就连我们现代人离不开的 Wi-Fi，原来也是天文研究中的一个偶然发明。这些看似没有用的科学和技术，实际上已经成为构建人类文明的基础。

科学 + 教育，让大家知道科学让人终身受益，它能够改变我们的人生观、世界观、价值观。

20 多年前，在西南农业大学读本科的时候，我的专业是环境保护，普通化学、分析化学、物理化学、有机化学、生物化学等是我们专业的必修课。虽然课程名称不同，但实际上都是利用氮、磷、钾、钙、镁、硫等各种常见的元素和化合物，理解农业和生态系统中的化学过程以及它们对环境的影响。

进入中国科学院地球化学研究所读研究生的时候，我又学习了高等地球化学、同位素地球化学、环境地球化学、微量元素地球化学等课程。化学课的名称越来越难懂，研究对象也从常见的元素，变成了不太常见的各种微量元素和同位素。这些化学课的目的是理解地球和自然界中的元素循环。

进入中国科学院国家天文台从事科研工作之后，我的主要研究领域是行星科学，主要是研究月球、火星、小行星等太阳系天体的化学成分和物质组成，研究手段也从实验室内的瓶瓶罐罐，变成了航天器遥感探测和机器人自动分析。这门化学课叫天体化学或宇宙化学。

这些亲身经历让我开始认识到，化学是基础性科学，是我们认识世界和理解自然的一种工具，既可以用于认识资源、环境、生态、食品、工业等与人类生活密切相关的领域，也可以用于回答宇宙的起源和演化、生命的起源和演化等最前沿的科学问题。

元素是一切化学的基础。每种元素就像性格各异的小朋友。它们有的外向，性质活泼，容易与其他元素打成一片，发生化学反应，生成各种化合物；有的内向，性质稳定，不容易与其他元素形成化合物。有的反应快，有的反应慢。有的用途广泛；有的虽然用的地方不多，但在某个特殊领域却缺它不可。

好的科普作品不仅要传播科学知识，更要传播科学精神。《嗨！元素：元素使者和化合物精灵》这本书的前半部分，通过对元素周期表中前 20 种元素拟人化的刻画，将这些元素的独特性质和在生活中的用途生动形象地展示了出来，使得这些元素不再是元素周期表中的一个个符号，而是一个个可爱的小生命。这本书的后半部分，介绍了在食物、工业、生活等各领域的常见化合物，让我们认识到，化学品和化学工业不是洪水猛兽，离了这些化合物，我们的生活水平和生活质量将回到半原始状态。

《嗨！元素：元素使者和化合物精灵》很可能是有史以来最酷的国内原创化学元素科普书。创作团队分工合作，通过风趣幽默的文字、精心制作的插图、活泼优美的版式设计，让青少年掌握科学这个探索未知世界的最佳工具，知道科学足够有内涵，是非常有趣的。

真心希望广大青少年读者听从内心的追求，做最真的自己，永远保持天真，永远怀有梦想，尽自己的努力奉献社会，影响社会。因为，你们才是中国的希望，你们才是未来的主人。

郑永春

博士、研究员、卡尔·萨根奖获得者
中国科学院国家天文台科学传播中心主任
中国科普作家协会副理事长

前　言

　　首先感谢您购买这本《嗨！元素：元素使者和化合物精灵》。本书是美丽科学出品的"嗨！元素"系列中的一本科普读物，该系列还包括漫画故事《嗨！元素：奇幻旅程》、四格Q版漫画《嗨！元素：小剧场》以及元素使者表情包等。

　　在"嗨！元素"的世界中，生活着一群元素使者，他们具有操控元素的能力，并且不同的元素使者可以联手召唤出对应的化合物精灵。元素使者与他们的好帮手化合物精灵共同维持着这个世界的秩序。

　　"嗨！元素"系列的特色是用孩子们喜爱的漫画形式，将看似枯燥的科学知识融入生动有趣的插画和故事中，激发孩子们的想象力和对科学的好奇心。同类作品在目前的图书和漫画市场上是不多见的。

关于本书

　　目前，人们已经发现的化学元素有近120种，其中元素周期表中的前92种元素是自然界中存在的，它们构成了地球上的万物，特别是包括人类在内的所有生命形态。了解元素的基本性质会让孩子们用一种全新的视角看待周围的世界，也会为他们今后学习化学、物理、生物以及天文学等奠定良好的基础。

　　《嗨！元素：元素使者和化合物精灵》全书分为两章。第1章通过精心设计的元素使者形象、生动的插画和诙谐幽默的文字，介绍了元素周期表中前20种元素的主要性质。虽然还有大量元素没有出现在本书中，但书中的这些内容已经涵盖了元素大家族的许多主要性质，这20种元素也是初中阶段的化学课程需要学习的主要元素。其他一些常见的元素，比如铁和铜等，则会在"嗨！元素"系列的后续作品中出现。

元素使者形象插画
与简单的设计理念
说明

表现元素主要
性质的插画

简洁的文字说明

有趣的 Geeky
文字

在第 2 章，我们选择了由这 20 种元素构成的 80 种化合物，并将它们分为食物、医药、日常、农业、工业、生命、宝石、科技八大类进行介绍。化学的一个迷人之处在于，大自然和人类用有限种类的化学元素，创造了不计其数、性质各异的化合物。但这个迷人之处也可能成为孩子们今后学习化学的难点。为了解决这个问题，我们根据化合物的性质，为每一种化合物都设计了可爱的卡通形象。在"嗨！元素"的世界中，这些形象正是元素使者召唤出的化合物精灵。

我们希望孩子们会爱上这些可爱的元素使者和化合物精灵，让他们陪伴孩子们今后的学习和生活。

美丽科学"嗨！元素"小分队

请大家关注"嗨！元素"
微信、微博、腾讯动漫等

目录

第1章 元素

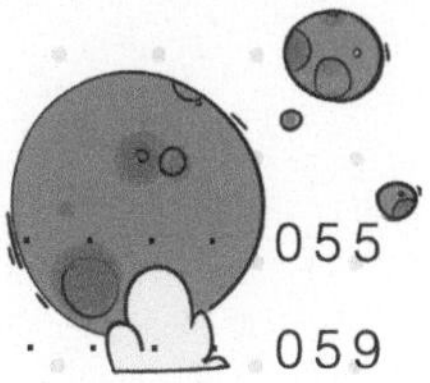

第2章 化合物

★ 附录

元素

·第1章·

化学元素简称元素，是组成物质的基本成分。目前已经发现的元素不到120种，其中元素周期表中的前92种元素是自然界中存在的，后面的20多种元素是科学家在实验室中合成出来的，新的元素也可能继续被合成出来。但神奇的是，前92种元素就构成了浩瀚宇宙乃至地球上的万物，包括我们人类。

元素和宇宙的起源有着密切的关系。目前的研究认为，宇宙大爆炸过程中生成了氢、氦等轻元素，其他一部分重元素是通过恒星内部的核聚变产生的。一些恒星衰老时变为超新星，这一过程中星体的温度升高，压力增大。在高温高压下，元素进一步聚变，生成更重的元素。

除了名称之外，元素还具有符号，一般选取元素拉丁文或希腊文名称的首字母或两个字母作为元素符号，例如氢（Hydrogen）的元素符号是H，锂（Lithium）的元素符号是Li。众多的元素符号构成了一套独立的化学语言，可以为全世界所通用，避免了不同语言交流不便的问题。

本章选取了元素周期表中的前20种元素进行介绍，它们是大家在了解和学习化学时最早接触到的元素，也能够体现出元素家族的大多数性质。在设计这些元素使者形象的时候，我们也考虑了元素之间的共同点，比如元素分为金属和非金属两类：金属元素就被我们设定为机器人；非金属元素分为人族（人体内含有的元素）和妖族（不存在于人体中的元素和氯），其中通常以气体存在的元素，其形象又会带有翅膀或者具有飘浮感。

氢是宇宙中含量最多的元素，你几乎可以在每一颗星星上找到它。

氢是最轻的元素，因此身材娇小。

氢原子只有一个电子。

氢是组成水的元素之一，水汇聚成蓝色的海洋，因此氢的裙子是蓝色的。

Hydrogen

氢（H）元素位于元素周期表首位，是周期表中最轻的元素。氢单质在自然界中一般以氢气（H_2）的形式存在，它无色无味，高度易燃。氢气是已知最轻的气体，曾被译作"轻气"。也是由于氢气太轻，可极易从地球表面逃逸，因此空气中氢气的含量很低。然而，氢是宇宙中含量最多的元素，它遍布于宇宙的各个角落。

氢元素的电子

氢，轻，
傻傻分不"清"楚

氢是生命存在必需的元素，为地球生物的生存提供了多重保障。它也是组成宇宙的元素，是恒星和巨行星的主要成分之一。具体来说，氢是组成太阳的主要元素，通过核聚变反应为太阳源源不断地提供能量，没有它，地球将失去光和热，万物也将无法存活。此外，氢和氧组成水（H_2O），水是生命之源，是包括人类在内的所有地球生物维持生命所需的最基本物质。

太阳能量的
创造者

氢气虽然无毒，却是一种异常危险的气体。这是由于氢气易燃，它与空气中的氧气（O_2）混合点燃极易发生爆炸，并且火花、高温甚至阳光均可引发爆炸，造成严重危害。然而氢气的燃烧产物只有水，若能够控制氢气较为温和地燃烧，可将它作为一种清洁能源使用。此外，虽然自然界中氢气的储量很低，但很多工业反应都会生成作为副产品的氢气，因此氢能逐渐成为目前的新兴能源。不过由于氢气易燃易爆，存储和运输还存在很多问题，目前氢能暂未得到广泛应用。

BOOM!

善恶 只在一线间

酸的罪魁祸首

在水溶液中或熔融状态下，化合物可以发生电子转移并产生自由离子，这一过程称为电离。相比于得到电子，氢更容易失去电子变为阳离子。若含氢化合物在水溶液中电离出的阳离子全为氢离子，则这种化合物被称为酸。需要注意的是，化学中所说的强酸，是指该物质在水溶液中释放氢离子的能力强，而不是指其味道特别酸。

这就是不要我的后果

氢气球的进气口就算扎得再紧，依然会漏气，这是为什么？

这是因为氢气球主要是橡胶材质，被氢气撑大后类似薄膜材料，虽然肉眼看起来是密封的，但从微观上看是有间隙的，并且这个间隙比氢气分子要大得多。若气球内的氢气压强大于外部的空气压强，气球内的氢气就会在压力作用下通过气球的表面间隙慢慢扩散出去，这就是为什么扎得特别紧的气球依然会漏气。此外，气球橡胶材料的间隙也比氦气分子大，因此氦气球也会漏气。只有改变气球的材料，减小甚至消除间隙，才会有不漏气的气球存在。

如果在液氢中游泳会发生什么？

正常情况下，考虑到液氢存在的温度极低，真要游泳的话我们很快就被冻死了。如果设定不会被冻死，由于液氢的密度非常小，约为人体密度的 1/14，我们在液氢中是不可能浮起来的，只能考虑潜泳。当我们潜入液氢中，体表的相对高温会使接触到的液氢蒸发，若是室内游泳池，氢气会慢慢聚集到屋顶，同时将室内的空气挤走，人会因缺氧而出现窒息的状况。而在这个窒息过程中，随着氢气分压的增大，人会先出现麻醉现象，继而慢慢死亡。所以，为了生命安全，还是不要考虑在液氢里游泳了。

同样是核聚变反应，为什么太阳里发生的反应和氢弹爆炸带来的感受完全不同？

太阳和氢弹中的核聚变反应给我们的感受不同，一方面是由于太阳离我们比较遥远，我们很难感受到反应的威力；另一方面，两者的反应原理确实有所区别。

太阳中的核聚变反应只发生在温度和压强都极高的核心区域。离太阳核心较远的区域并不参与核聚变反应，只是作为将内部能量传递出去的介质。

此外，太阳本身具有负反馈调节机制。当核心区域的核聚变反应加快时，该区域的温度上升，压强增大，核心会向外膨胀，这样又会使得温度降低，压强减小，从而减缓反应速率，反之亦然。由于这种负反馈机制的存在，太阳得以稳定地燃烧。

与太阳不同，氢弹的爆炸过程分为两步。它利用初级装料铀 -235 裂变产生的巨大压力，使得次级装料向中心压缩，并利用次级装料外层的铀 -238 维持高温高压，引发内部氢的同位素氘等轻原子核发生聚变反应。这是一个瞬间完成的过程，因此氢弹"Boom"一下就炸了。

Helium

氦气是稀有气体的一种，稀有气体也被称为惰性气体、贵族气体，因此她的脖子上戴着贵族专属的拉夫领。

氦气被广泛用于填充气球及飞艇等。

氦气在高压电场下发出橙红色光芒，为了与氖气区别开，我们把氦的颜色设计成偏洋红色。

逃离地球表面

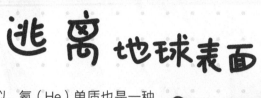

与氢类似，氦（He）单质也是一种无色无味的气体。不同的是，氦也许是所有元素中最不活泼的元素，几乎不与任何元素发生化学反应，因而被称为惰性气体。此外，氦在宇宙中的含量仅次于氢。有趣的是，它

在地球上的含量却极少，也被叫作稀有气体。这是由于氦气的密度很小，仅比氢气重，而它又极难生成化合物滞留在大气层，因此成为最易从地球表面逃逸的气体。

绝对零度的奥义

呵呵，不冷

液氦是目前已知沸点最低的液体，可以制造接近绝对零度的低温环境，也是极少能够为超导材料提供低温超导环境的物质。若没有它的帮助，低温物理领域的研究则会极为麻烦。液氦也用于医院的核磁共振扫描仪中，因为核磁共振需要超导磁体制造强磁场，而超导磁体所需的低温环境需要液氦的协助。

氦（Helium）

HEY! ELEMENTS

由于氦气极轻且不能燃烧，安全性良好，因此被广泛用于填充飞艇及气球，也被用作很多反应的保护气体。但是，氦气不像氢气（H_2）可由工业反应获得，也不像后面将会提到的氮气（N_2）等可以从空气中分离取得，氦气的来源主要依靠分离地下天然气。而当这些困于地下的氦气重见天日后，若未妥善存贮，它们又将缓慢地扩散至宇宙中。

带你玩耍带你飞

可以在液氦中玩漂流瓶吗？

液氦的密度非常小，如果想利用漂流瓶传递消息的话，需要一个巨大的漂流瓶才能在液氦中漂浮起来。但就算这样，液氦中的漂流瓶还存在其他问题。在低于 −270.98℃ 的低温环境中，液氦会变成超流体，超流体没有黏性，流过任何东西都不会受到阻力。这意味着它会慢慢沿着漂流瓶壁往上"爬"，再从瓶口的缝隙中慢慢"爬"进漂流瓶，最终它会彻底"入侵"漂流瓶。

为什么吸入氦气后就能像唐老鸭一样说话声音又尖又细？

人之所以能发出声音，是靠声带以及口腔的共鸣。氦气的密度与空气不同，声音在氦气中的传播速度是在空气中的 3 倍，共鸣频率更高，所以吸入氦气之后人的嗓音听起来变得尖细。虽然这一过程听起来很好玩，但这样做其实很危险。吸入较多的氦气会妨碍呼吸系统吸入氧气，从而造成人体缺氧，可能引发眩晕，甚至出现死亡事故。

为什么医院在核磁共振检查中严禁带入金属物品？

为了弄清楚这个问题，首先我们来了解一下核磁共振检查的原理。人体内的水分布在各种组织里，不同组织中水的含量不同。核磁共振检查能够通过识别水分子中的氢原子信号，进而通过探测水的分布情况来探测人体的内部结构。这一过程需要在人体周围营造强磁场环境，这种环境是由超导磁铁来实现的。而超导磁铁在极低的温度下才能工作，需要依靠液氦才能确保它的正常运作。也就是说，医院的核磁共振仪器中都有液氦。

我们已经知道了核磁共振的原理，也就不难理解为什么检查室严禁带入金属物品了。金属物品会干扰磁场，这种情况下获得的图像不够准确。更严重的是，在强磁场存在的情况下，金属物品会被吸附到仪器上，不仅会造成仪器损坏，也有可能导致人员伤亡。有一次，上海市肺科医院的一名病人做核磁共振检查时，家属偷偷把轮椅推进了检查室，金属轮椅立刻就被吸附到了仪器上，多名壮汉合力才把轮椅拉下来，幸好患者没有受伤，但仪器却损坏了。

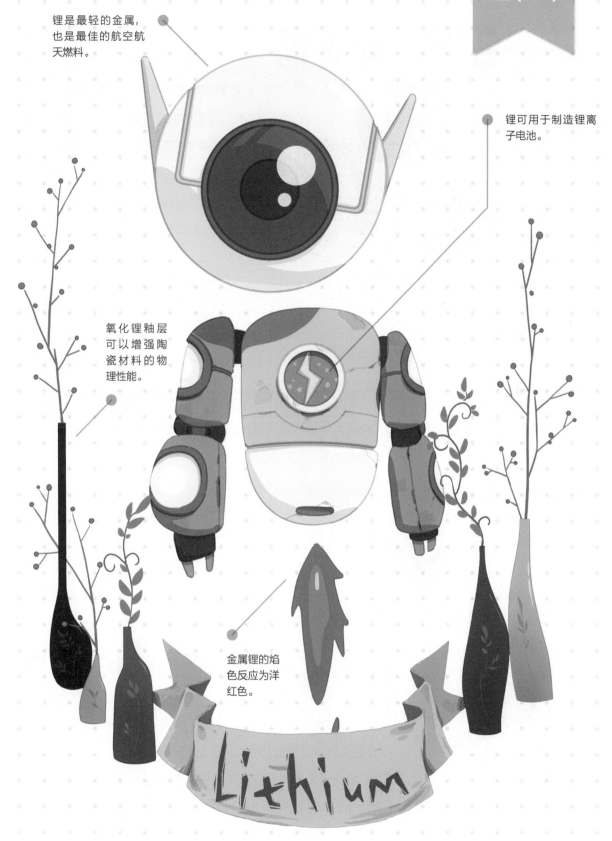

锂是最轻的金属，也是最佳的航空航天燃料。

锂可用于制造锂离子电池。

氧化锂釉层可以增强陶瓷材料的物理性能。

金属锂的焰色反应为洋红色。

Lithium

最"轻浮"的金属

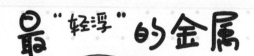

不同于元素周期表前两位元素的单质均为气体，锂（Li）单质为柔软的银白色金属。它的密度非常小，是非气态单质中最轻的物质，可以漂浮于最轻的矿物油表面。它的化学性质很活泼，与很多元素均能发生反应，与水的反应相对剧烈。因此，金属锂一般封存于固体石蜡或稀有气体中。另外，不同于氢与氦，锂元素在宇宙中的含量很低。

油~

《一个最轻金属的自我修养》
售价：888 元

%&*……闪开‼

带你去充电吧

电池领域的明星

锂元素众所周知的一个用途就是制造锂离子电池，这种电池主要依靠锂离子在正极和负极之间的移动来工作，电池中并不包含锂金属单质。锂离子电池是目前最常见的可充电电池，广泛用于手机、计算机等电子产品中。与传统的镍镉电池或镍氢电池相比，锂离子电池无记忆效应，可随时充放电而不会对电池造成不良影响。

送你一份安宁

　　生物体内含有极少量的锂，但该元素并未显示出明确的生理作用。金属锂则对人体具有一定毒性，可引发急性中毒。有意思的是，碳酸锂（Li_2CO_3）等部分含锂化合物可作为精神药物使用，主要用于治疗躁郁症，对于分裂情感性障碍及循环型单相抑郁症也有一定的效果。这是因为锂离子具有安定情绪的作用，但其中具体的作用机理目前尚不清楚。

工艺精湛的大师

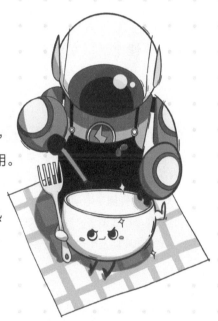

　　氧化锂（Li_2O）在陶瓷和玻璃制造领域有着极为广泛的应用，它与锂离子电池并驾齐驱成为含锂化合物最重要的两种工业应用。氧化锂可以用作硅生产过程中的助熔剂，有助于降低体系熔点和黏度。含有氧化锂的釉层可以增强陶瓷的物理性能，降低材料的热膨胀系数，因此广泛涂覆在适用于烤箱的陶瓷餐具表面。

航空航天界的双子星之一

　　锂是最轻的金属，也是用作航空航天燃料最佳的金属之一。用锂或其化合物制成的固体燃料，自身质量轻，产生的推动力大，有助于增加火箭、导弹或宇宙飞船的航程。此外，在纯铝中掺入少量锂形成的铝锂合金既轻便又坚硬，常被用于制造航天器的某些部件，这样可以大幅减轻这些部件的质量。

锂元素为何频频出现在摇滚作品中？

很多摇滚作品里都会出现"Lithium（锂）"这个词，这主要是缘于锂元素能够治疗抑郁症。摇滚歌手算是抑郁症的高发群体，因此他们对于锂元素有着不一样的感情，也常常把锂元素写进歌里。例如美国 Nirvana 乐队一首名叫《Lithium》的歌中就有着"And I'm not scared. Light my candles in a daze cause I've found god"，这里的"god"指的就是锂。这首歌与爱和宗教有关，歌曲里的主人公因为失恋而表现出类似于躁郁症的症状，而锂元素就像宗教里的神一样给予他救赎。因此锂元素还是一种流行文化符号哦！

锂电池就是锂离子电池吗？

我们常说的锂电池，通常指的是锂离子电池，但准确地说，锂电池应该指的是锂原电池。锂原电池最早是由托马斯·爱迪生（Thomas Alva Edison）发明的，它内含固态的金属锂作为负极，因此被称为"锂电池"。锂原电池为一次性电池，无法充电，最早应用于心脏起搏器中，因为它自放电率低、放电电压变化平缓并且能够保持长期运作，现仍广泛应用于计算机主板、计算器和手表中，常见的纽扣电池大部分是锂原电池。

而锂离子电池则是一种可充电电池，它依靠锂离子在电池正负极之间移动来工作。锂离子电池是便携式电子产品常用的电池之一，能量密度较高、充电速度快且无记忆效应，广泛应用于手机、笔记本电脑及电动车等产品中。

航空航天材料一定要轻吗？

航空航天材料肯定是越轻越好。就拿航天飞机来说，如果减轻它的质量，飞行速度会得到有效提升，滑跑距离会缩短，航程也会增加。这就意味着可以降低成本，同时提升飞行精度。测试数据表明，航天飞机的质量每减轻 1kg，其发射成本就可减少 1.5 万美元，所以航空航天材料当然是越轻越好。

金属锂因为密度低，在航空航天材料领域得到了广泛应用，我国的"神舟"系列飞船和"长征"系列运载火箭就使用了超轻镁锂合金。镁锂合金是目前结构金属材料中密度最低的合金材料，具备低密度、高比刚度、高比强度的优异力学性能，减震、消噪的高阻尼性能，以及抗辐射、抗电磁干扰性能。它代表了合金发展的技术前沿，被称为未来的革命性材料。

铍被应用于航空航天领域，它可以作为轻质结构部件的材料。

祖母绿宝石的主要成分是含铍化合物。

Beryllium

绿柱石的创造者

与锂类似，铍（Be）单质也是金属，它具有钢灰色的金属光泽，也是密度较低的金属之一。自然界中的铍均以化合物的形式存在，例如祖母绿等宝石的主要成分即为含铍化合物，这类宝石统称为绿柱石。绿柱石的颜色与铍并没有关系，纯净的绿柱石是无色甚至透明的，而当其中掺杂了其他金属离子时，就会显出颜色，如祖母绿的绿色与金属铬离子的存在有关。绿柱石也并不仅仅显现绿色，含有铁离子的绿柱石呈海蓝色，又称海蓝宝石。

有时候绿柱石是蓝色的

金属铍的密度低、强度大，它距离人类的日常生活似乎很遥远，这是因为铍对人体具有剧毒性。铍的性质与镁类似，它进入人体后，会取代体内的镁，破坏人体的生理机能，造成铍中毒。由于摄入极少量的铍即可引发急性中毒，造成死亡，因此绝大部分的工业生产都尽量避免使用金属铍。

你好毒

由于铍的原子序数很小，对 X 射线的吸收率也很低，因此它被应用于 X 射线管的辐射窗口，这也是金属铍非常重要的应用之一。铍箔能够最大程度地降低同步加速器释放 X 射线所引起的热效应，因此目前真空室窗口和同步加速器射束管都由铍箔制成。

X 射线中的 "隐形人"

航空航天界的双子星之二

铍是热导率最高的金属材料，有着极好的吸热与散热性能。它的密度较低，热稳定性比锂好，因此在航空航天领域中可作为轻质结构部件的材料，用于制造卫星、导弹与航天飞行器等。另外，铍也可以用作航天飞机等飞行器的外壳材料。这些飞行器在穿越大气层的过程中，会与空气摩擦产生大量热量，此时铍能够吸收热量以防外壳起火，从而协助飞行器安全地穿过大气层。

绿宝石和红宝石、蓝宝石是否只是颜色不同？

在大家的印象里，宝石是否就是不同颜色的同一种石头呢？实际上，各种宝石除了颜色不一样，组成成分也有着天壤之别，绿宝石与红宝石、蓝宝石就并非同种物质。

绿宝石属于铍铝硅酸盐矿物，它包含祖母绿、海蓝宝石等多个品种，这些品种的区别在于其中含有的金属杂质不同。而红宝石和蓝宝石都属于刚玉，主要成分是氧化铝。红宝石因为含有微量金属铬，所以呈红色，铬的含量越高，则宝石越红。除了红宝石之外的刚玉统称为蓝宝石，蓝宝石不一定就是蓝色的，还有黄、绿、白和粉等颜色，掺有少量钛和铁杂质的蓝宝石才显蓝色。所以宝石是对具有收藏价值的石料或矿物的统称，而不是特指某一种物质。

原子学说的确立还有铍的功劳？

1896 年，法国物理学家亨利·贝可勒尔（Henri Becquerel）发现了天然放射现象。人们意识到原子核也有内部结构，继而提出了一个问题：原子核是由什么组成的？

1919 年，物理学家欧内斯特·卢瑟福（Ernest Rutherford）用 α 粒子轰击氮原子核得到了质子，证实质子是原子核的组成部分。但他发现，原子核与质子的质量比与电量比存在差异，因此他在 1920 年的贝克尔演讲中预言，原子核中可能还有一种质量与质子相近但不带电的中性粒子——中子存在。

11 年后，德国物理学家瓦尔特·博特（Walther Wilhelm Georg Bothe）用 α 粒子轰击铍原子核，发现了一种穿透能力很强的辐射射线，其强度 10 倍于轰击其他元素释放的射线强度，而且射线穿透物质后速度并未明显降低，他将这种射线称为"铍射线"，认为这是一种特殊的 γ 射线。与此同时，居里夫妇（Pierre Curie and Marie Curie）用这种铍射线轰击石蜡和其他含氢物质时，发现有强质子流放射出来。这种质子流的放射现象非常奇怪，然而居里夫妇也把它当作一种 γ 射线，因此错过了发现中子的机会。

随后，卢瑟福的学生詹姆斯·查德威克（James Chadwick）了解到这种特殊的 γ 射线后，意识到这种辐射可能与原子核内的中性粒子有关。他先是进行了理论计算，然后重复了居里夫妇的实验，最终证实"铍射线"就是中子辐射。

至此，原子学说终于正式确立下来，铍元素在这中间也发挥了极为重要的作用。

硼（B）

Boron

立方氮化硼的硬度仅次于钻石，这根狼牙棒就是用立方氮化硼做成的。

自然界中的硼以硼砂的形式存在，硼砂为白色固体。

硅硼玻璃是一类优质玻璃，可以抵挡高温。

可以**入药**的 硼砂

硼（B）单质存在着两种同素异形体：晶态硼为带有光泽的灰色晶体，硬度仅次于金刚石，但相对较脆；无定形硼为暗棕色粉末。这两种单质均可在实验室中制备获得。自然界中的硼几乎不以单质的形态出现，基本都以硼砂（$Na_2B_4O_7 \cdot 10H_2O$）这种化合物的形式存在。在中国，硼砂早为古代医师所熟悉，并以清热解毒的药理入药。

剂量要准，
不能随便吃哦

消灭蟑螂的好手

虽然硼砂可以入药，但一般所用剂量很少且主要为外用。这是因为硼砂进入人体内会与胃酸反应生成硼酸（H_3BO_3），而硼酸具有一定的毒性，会在体内累积导致慢性中毒。硼酸可以作为杀虫剂，在消灭蟑螂方面更是效果显著。当蟑螂等爬行害虫吃下含有硼酸的饵食后，硼酸会影响它们的新陈代谢并使其脱水死亡。

更厉害的玻璃

全世界每年消耗的硼约有一半用于制作强化玻璃，主要利用氧化硼（B_2O_3），将其掺入玻璃中形成硼硅玻璃。相对于传统玻璃来说，硼硅玻璃的热稳定性及耐温差性都更为优异，因此广泛应用于生活中，如制作耐热玻璃茶具和微波炉玻璃转盘，也可用于制作滚筒洗衣机的观察窗等。

左手的盾牌是
硼硅玻璃的

右手的武器是
立方氮化硼的

立方氮化硼（BN）极其坚硬，硬度仅次于钻石，制备成本又远低于钻石，因此被用于制作目前广泛使用的工业钻磨工具。此外，立方氮化硼钻头还可以用于加工钻石钻头无法处理的钢材等材料，这是由于钻头在高速旋转的作业过程中，局部温度极高，钻石钻头可与铁、镍及相关合金发生反应造成刃具磨损，而立方氮化硼则不存在这些问题。

钻石的替代品

如果《猫和老鼠》里的汤姆误食了主人用来除蟑螂的硼酸会怎么样？

汤姆也太贪吃了，居然误食了硼酸。硼酸是白色粉末状物质，可能汤姆把硼酸当作白糖了吧。但是硼酸是有毒的，儿童口服 5~6g 硼酸就会有生命危险。对于汤姆来说，中毒剂量应该和正常的儿童是一样的。如果只吃了少许硼酸的话，汤姆会出现头痛头晕、恶心呕吐的症状，之后会出现大片的红色皮疹，继而脱毛脱皮。如果汤姆食用硼酸超过 5g 的话，它可能就要为贪吃付出生命的代价了。不过汤姆在和杰瑞的斗争中无时无刻不在受到各种生命的威胁，相信被命运女神眷顾的汤姆一定能够化解危机。如果我们要帮助汤姆的话，可以用生理盐水或者温热的清水为它洗胃，然后灌入硫酸钠导泻，用生理盐水输液也能帮助它加速排毒。

为什么说"离开剂量谈毒性就是耍流氓"？

瑞士毒理学之父帕拉塞尔苏斯（Paracelsus）于 1538 年写过一句拉丁文"Dosis facit venenum"，翻译成英文就是"The dose makes the poison"，也是"离开剂量谈毒性就是耍流氓"这句话最早的出处。以硼酸为例，我们知道口服硼酸会引起急性中毒，接触过多也会引起皮肤刺激、脱皮及红疹等症状，但硼酸也是一种药物，可用于治疗中耳炎、烧伤、烫伤及湿疹等。这其中的区别就是剂量问题。医用硼酸用量有着明确的标准，硼酸软膏中硼酸的含量为 5%~10%，硼酸溶液中则为 2%~4%，此范围内的剂量对人体是无害的。当然，医用硼酸也不能过量使用，否则会造成硼酸在人体内的累积，从而引发慢性中毒。这也提醒我们，服用或使用药物的时候一定要遵从医嘱，不能随意增减剂量。

碳（C）

钻石是碳的一种同
素异形体，透明且
质硬。

碳是地球上组成
生物体的最基本
的元素。

石墨是碳的一种同
素异形体，为不透
明的黑色，是最柔
软的物质之一。

碳的皮肤黝黑，这是因
为石墨和无定形碳主要
呈黑色。

性质各异的多胞胎

碳（C）可能是大家最熟悉的元素了，其单质存在着多种同素异形体，其中最常见的为钻石、石墨以及无定形碳这 3 种。碳是为数不多的自古以来就为人所知的元素之一，古埃及即有利用煤炭的记载，中国商朝时人们也利用木炭冶炼青铜器。煤炭与木炭的主要成分即为无定形碳，而"碳"字即为"炭"字演化而来。

不同形态的碳单质性质差别极大，甚至截然相反：如钻石是目前已知最坚硬的物质，晶莹剔透；而石墨则是最柔软的物质之一，且为不透明的黑色。

这是真的钻石，不是代替品哦

地球生物都依赖它

碳是地球上所有生物的基石，如果没有碳，地球上已知的高等生命形态都不可能存在。这是因为绝大多数含碳元素与氢元素的化合物可以归类为有机物，而有机物是构成生命的物质基础。生物体的组成、能量的摄取及遗传与生殖等生命的基本要素都和有机物的化学反应息息相关。化学领域中开辟了有机化学这一重要分支，这是研究有机化合物的结构、性质和反应的一门学科，也是碳元素具有无与伦比影响力的一个见证。

除此之外，人类的生活也离不开碳。人类所需的衣食住行都与碳元素息息相关：几乎所有的衣料都由碳的化合物组成，比如棉、麻、丝绸和皮革；人类摄入的必要营养物质中，除了水和盐等无机物之外，基本都是有机物；木材是古代建筑的主要材料，它在现代家居中依然有着重要的用途 至于行，所有的化石燃料，无论是煤、石油还是天然气，都是碳的化合物。此外，日常生活中常接触到的塑料、橡胶等材料也都属于有机聚合物。总而言之，碳是元素周期表中与人类关系最密切的元素。

日常生活
也离不开它

既然石墨和金刚石是同素异形体，那么可以用铅笔芯制造钻石吗？

铅笔芯是由石墨和黏土按一定比例混合而成的，钻石是经过雕琢的金刚石，石墨和金刚石都是碳的同素异形体，因此理论上是可以用铅笔芯制造钻石的。不过首先要对铅笔芯进行除杂，得到纯净的石墨后，模仿钻石在自然界形成的环境，在高温高压下，石墨中的碳原子会重新排列，最后形成人造钻石。不过反应条件很难达到，毕竟要求极高的温度和压强，合成成本比购买天然钻石更高，而且形成的人造钻石尺寸也相对较小。

太空中能用铅笔写字吗？

当然可以！铅笔是由石墨制成的，石墨的层与层之间作用力很弱，可以相互滑动或分离，因此石墨具有润滑性和可塑性。写字时，石墨与纸张摩擦，使得石墨碎屑被剥离沾在纸张上，就留下了字迹。以前美国和苏联的航天员都是使用铅笔在太空中写字的。但石墨具有导电性，若写字时剥离出的碎屑飘浮到仪器里很容易造成事故，所以后来科学家们又发明出更加安全的太空笔，铅笔就被逐渐取代了。

活性炭能够使橙汁变透明吗？

活性炭是一种多孔炭质材料，具有吸附性，可用于空气净化、汽车尾气净化及污水处理等领域。活性炭的吸附原理为微孔吸附，影响它吸附能力的因素主要有 3 个方面。一和活性炭的孔隙大小有关，微孔多的活性炭倾向于吸附小分子，大孔多的活性炭倾向于吸附较大的分子。二和被吸附的物质有关，大分子有机物会因进不了炭孔而无法被吸附，一般无机物不易被吸附。三和吸附条件有关，温度和 pH 值都会影响吸附的效果。橙汁中的色素分子比活性炭的大孔孔隙还要大，所以无法被吸附，把活性炭扔进橙汁中，橙汁是不会脱色的。

氮气在高压电场下发出紫色光芒。

氮肥是一种极为重要的化肥。

许多炸药，比如TNT，是由含氮化合物制成的。

TNT

Nitrogen

空气家族的"大哥大"

与氢一样，氮（N）单质在自然界中最普遍的形态为氮气（N_2）。它是空气中含量最多的气体，约占空气体积的 4/5。最早，氮气被译为"淡气"，就是形容它冲淡了空气。

快速冷冻的奥义

氮气在极低温度下会液化，称为液氮。常温下液氮汽化，吸收大量的热，因此可以作为制冷剂，可用于冰激凌的制作。切记不可在毫无保护措施的情况下接触液氮，否则皮肤会有严重冻伤的危险。

氮气让薯片更美味

氮气是一种相对稳定的物质，同时无色无味，可以用作食物保护剂。薯片等易碎食品的包装袋里填充的就是氮气，一方面可以防止食物破碎，另一方面也可以延长食物的保质期。

危险分子

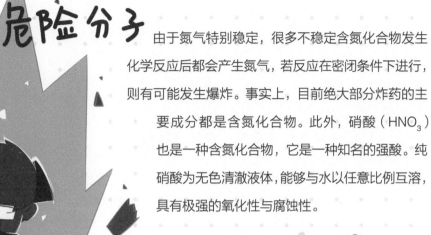

由于氮气特别稳定，很多不稳定含氮化合物发生化学反应后都会产生氮气，若反应在密闭条件下进行，则有可能发生爆炸。事实上，目前绝大部分炸药的主要成分都是含氮化合物。此外，硝酸（HNO_3）也是一种含氮化合物，它是一种知名的强酸。纯硝酸为无色清澈液体，能够与水以任意比例互溶，具有极强的氧化性与腐蚀性。

BOOM!

这个杀手不太冷

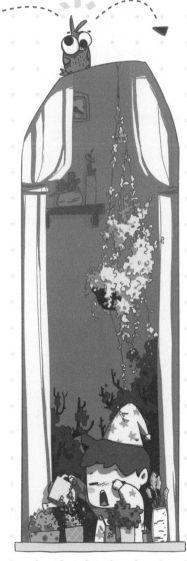

植物生长依靠它

　　氮存在于所有生物的氨基酸和核酸中，是植物生长所需的必要元素。充足的氮元素有助于植物合成蛋白质与叶绿素，促进植物生长。因此，氮肥是极为重要的一种营养肥料。氮肥往往可以分解产生氨气（NH_3），因此基本都有刺激性气味。

可以用液氮洗澡吗，会发生什么？

天哪！你真的要用液氮洗澡吗？假设是在浴缸里泡澡的话，当你整个人浸入液氮中的时候就会被冻住，因为液氮的沸点是 -195.8℃。这个时候如果有人把你捞起来的话，你整个人都会是硬邦邦的，拿锤子一敲你就会像瓷器一样碎了。当然你可以尝试淋浴，情况也好不到哪里去。唯一的例外是，短暂的淋浴可能不会有问题。液氮会在接触你身体的瞬间汽化，在你身体的周围形成隔绝的气态防护层，对你来说，顶多就是感觉有点冷。这个过程被称为莱顿弗罗斯特效应（The Leidenfrost Effect），是指液体不会润湿炙热的表面，而仅仅在其上方形成蒸气层的现象。曾经有人参与冰桶挑战时用的就是液氮，毫发无伤。尽管如此，这种危险的行为还是不要轻易尝试哦。

"笑气"吸多了有什么危害吗？

"笑气"是一氧化二氮，能够致人发笑，同时具有轻微的麻醉作用，常在牙科等的手术中当作麻醉剂，不过现在已经很少使用。这是因为"笑气"虽然无毒，但若吸入过多，人会因氧气浓度过低而窒息甚至死亡。长期接触"笑气"还会引发贫血甚至损害中枢神经系统。所以"笑气"吸多了会对身体健康产生不利影响。

潜水员常说的减压症是什么？

潜水员中有一种常见的减压症，是指潜水员浮出水面后出现皮肤瘙痒、肌肉抽痛、麻痹甚至死亡的现象。这是由于在水底的高压下，氮气融入血液中，潜水员急速上浮的时候，压力下降，如果减压不当，会导致血液中的氮气变成气泡溢出，造成动脉栓塞等，影响人体的健康。为了预防这种减压症，可按照权威减压标准进行分段减压，限制氮气溢出的总量。

氧（O）

Oxygen

动物的生存离不开氧气。

植物通过光合作用制造氧气，人类所需的氧气主要由绿色植物提供。

氧气可以协助燃烧。

氧（O）单质在自然界中的形态主要为氧气（O_2）。氧气在空气中的含量仅次于氮气（N_2），约占空气体积的 1/5，也就是说，空气主要由氮气和氧气组成，剩余气体只占了非常微小的一部分。此外，氧是地壳中含量最多的元素，在宇宙中的含量则仅次于氢与氦。

无处不在的氧元素

生命之气

几乎所有动物的呼吸过程都需要消耗氧气。25 亿年前，正是由于蓝藻等藻类植物的光合作用，氧气开始在大气层中逐渐积累，才渐渐演化出了如今丰富多彩的生命。因此，氧气曾被称为"生命之气"，国内最早则将氧气写为"养气"，意为养人之气。

氧是非常活泼的元素，很容易与大多数元素发生反应，生成氧化物。当这一反应快速进行时，一般会伴随产生大量的光和热，也就是所谓的燃烧，而火则是燃烧时能量释放的表现形式。对火的使用是人类早期的伟大成就之一，也是人类发展史上的一个重要转折点。

燃烧的机密

老大，我跟对人了

地球生命的保卫者

大气层中的氧气（O_2）吸收太阳辐射出的紫外线会变成臭氧（O_3），臭氧又会分解消失，这样的动态平衡使得大气层中的臭氧含量维持在均衡状态，也就是形成了"臭氧层"。臭氧层可以吸收太阳辐射出的大部分紫外线，保护地球生物免遭紫外线侵害。

住在高原的草原英雄小姐妹来到平原上会有不一样的感觉吗？

我们知道，长期住在平原的人去到高原上时常会出现"高原反应"，其实长期住在高原上的人，比如我们熟悉的草原英雄小姐妹，她们到平原时也会出现"平原反应"。这是因为她们长期居住在高原上，心肺功能比较强大，红细胞携带氧的能力较强，因为这样可以较好地适应氧气浓度较低的高原环境。当她们来到平原地区的时候，还不能够适应较高的氧气含量，红细胞依然在高效地运输氧气，会使她们产生不适应的感觉，所以姐妹俩很有可能会"醉氧"，具体表现为疲倦无力、头晕胸闷，很有可能一直睡、睡、睡。

提高空气中的氧气浓度对生物体型会有什么影响？

科学家通过研究化石发现，石炭纪的地球上有着体型巨大的生物，如 1.5m 长的千足虫、翼展可以达到 0.6m 的巨型蜻蜓等。而那个时期，空气中的含氧量比现在高了 30% 以上，所以就有人认为生物体型的大小与空气中的氧气浓度有关。对此科学界存在两种看法。

一种看法认为较高的氧气浓度是生物体型变大的原因。一般情况下，生物体的体型受到呼吸系统的限制，呼吸系统能够提供的氧气含量决定了生物体可利用能量的多少。而在高氧气浓度下，生物体的体型受呼吸系统限制的作用显著减小，允许生物体向更大的体型演化。

另一种看法则认为氧气浓度和生物体型没有关系。氧气浓度只是众多生态环境因素中的一个而已，石炭纪与现在的环境状况相差太多，有各种各样的因素都可能导致生物的体型变化，氧气浓度并不一定就是导致生物体型巨大的主要原因，毕竟现在还没有确切的实验能表明高氧气浓度下的生物体型会变大。

有氧运动和"氧"有什么关系吗？

有氧运动是指人体在氧气充分供应的情况下进行体育锻炼，也就是说在运动过程中，人体吸入的氧气与其需求相等，达到生理上的平衡。人体在运动过程中一直在消耗能量，在进行有氧运动的时候，机体的能量主要来自于脂肪的有氧代谢。而在进行百米冲刺这类无氧运动的时候，机体瞬间就要消耗大量能量，仅靠脂肪代谢的产物无法满足，这个时候就需要体内的糖类进行无氧代谢以提供能量。

牙膏中会掺入少量氟元素以达到预防龋齿的作用。

氟气为浅黄色气体。

Fluorine

氟气和多种氟的化合物都具有强烈的毒性，因此氟看上去很凶。

最凶猛的元素

氟（F）单质在标准状况下为浅黄色的氟气（F_2），有剧毒。氟是元素周期表中最活泼的元素，几乎能与其他所有的元素发生反应，反应过程释放的能量比氧参与的燃烧反应更多，很容易发生爆炸。正因如此，自然界中没有稳定的氟气存在，氟均以化合物的形式存在。直到 100 多年前，科学家们才成功分离出氟气，其间有多名科学家为此丧命。

最致命的酸

氟元素的凶猛不仅表现在氟气上，还表现在其化合物氢氟酸（HF）中。相对于硫酸（H_2SO_4）等强酸来说，氢氟酸的酸性并不算强，但危险之处在于它具有极强的腐蚀性，例如它可以腐蚀很多强酸都无法腐蚀的玻璃。氢氟酸对于人体也异常危险，其中的氟元素能够穿透皮肤进入体内，与血液和骨骼中的钙等元素发生反应，最终导致严重甚至致命的损伤。

咔嚓

"镜头感"十足

早在 16 世纪的史料中即有记载，冶炼矿石的过程中加入一种名为萤石的矿物可以降低矿石的熔点。萤石即为氟化钙（CaF），目前仍广泛应用于炼钢等工业中。此外，由于萤石的折射率和色散极低，适合做光学元件，因此人工结晶萤石是制造镜头所用的低色散光学元件材料之一。

预防龋齿的好帮手

　　虽然氟是异常危险的元素，但是在控制得当的情况下，氟元素也可以为人类所用。例如，在牙膏中掺入微量的氟化物可以预防龋齿，这是因为氟化物既能减少由牙菌斑产生的腐蚀牙釉质的酸性物质，又能在牙齿的生长过程中促使牙釉质更加强健。此外，很多现代药物中都含有氟，这是由于氟与碳成键后非常稳定，药物氟化后活跃度会降低，以缓释给药周期。

　　手里的牙刷和头上的牙膏借我用用

不粘锅的奥秘

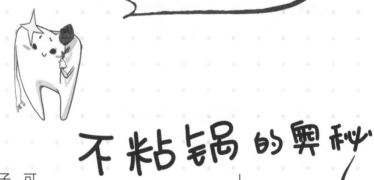

　　若用氟取代聚乙烯中的所有氢原子，可以制备一种名为聚四氟乙烯的人工合成高分子材料，俗称"特氟龙"（Teflon）。该材料不与任何酸碱及有机溶剂反应，耐高温，摩擦系数低，通常条件下无毒，因此被广泛应用于生活的各个方面，最为熟知的应该就是不粘锅的涂层。该材料经过改性后还可以作为建筑材料，如国家游泳中心（水立方）的外墙材料即为乙烯－四氟乙烯共聚物。

同样都是弱酸，为什么醋酸可以食用，氢氟酸就异常危险呢？

氢氟酸中，氢－氟共价键的极性很大，它释放氢离子的能力很弱，是一种弱酸。但是，这并不代表氢氟酸没有危险，它的危险性表现在强腐蚀性和剧毒性上。

氢氟酸中的氟离子和生物体内的钙离子、镁离子的结合能力极强，氟离子进入血液后会与钙离子、镁离子形成难溶的氟化物，可能会堵塞血管，干扰神经系统和心血管系统的运行。此外，氢氟酸会灼伤接触部位，使组织蛋白脱水溶解，更可迅速穿透角质层，渗入深层组织，重者可深达骨膜和骨质，使骨骼变成氟化钙，形成愈合缓慢的溃疡。因此有时候，为了防止氟离子的扩散，需要进行截肢手术。

最危险的是即使中毒了，人们也很难第一时间意识到。氢氟酸的外观和水很像，无色无味，不像浓硫酸有黏稠感，接触后也不会有疼痛等感觉，但氟离子照样能够渗透到深层组织，造成严重危害。

有人看到书上说用氢氟酸能够在玻璃上刻字，又得知它是弱酸，就想自己买来玩。这种做法非常不妥，化学试剂可不是用来闹着玩的，要随时注意保护自己。

为什么人们会谈"氟"色变？

氟是当之无愧的"最凶猛的元素"，不管是氟气还是氟化物，其凶猛程度让每一个研究它们的化学家都抱有敬畏之心，因为稍不留神就可能为此丧命。

除了上面提到的氟化氢之外，再拿氟化物中的另一个危险分子——三氟化氯来说，它被点燃后能够一直燃烧，遇到什么烧什么，烧杯、石棉网甚至实验台都不在话下，简直就是所向披靡。这是因为三氟化氯具有超强的氧化性，几乎能够燃烧接触到的一切东西。在美国发生过一次三氟化氯的泄漏事件，整整 1t 的三氟化氯不仅将混凝土地面烧出一个大坑，连地下的沙子也被烧掉1m 左右的厚度。

由此可见，氟真的是一种极其可怕的元素，大家在接触氟化物的时候一定要小心。不过像特氟龙等材料很难释放出氟离子，是相对安全的，大家可以放心使用。

氖气在高压电场环境下发出橙红色光芒。

氖气是稀有气体的一种，稀有气体也被称为惰性气体、贵族气体，看见她脖子上的拉夫领了吗？

氖气常被填充在霓虹灯中。

Neon

霓虹世界的制造者

在通电条件下，氖气会发出明亮的橙红色光芒，蔚为壮观，因此早在一个多世纪前就被广泛应用于制作霓虹灯，并且成为当时的一种文化象征。"霓虹"这个词即为"Neon"的音译，给人一种色彩斑斓的感觉，但事实上单纯由氖气制造的霓虹灯只能发出橙红色一种光芒，其他颜色的霓虹灯需要氩气（Ar）等稀有气体以及荧光粉的协助才能制造出来。例如，将蓝色的荧光粉涂在玻璃管的内壁上，可以制备发出粉红色光芒的霓虹灯。

孤独的气体

同氦一样，氖（Ne）单质也是一种稀有气体，在自然界中仅以氖气（Ne）的形式存在，目前尚未发现或制得稳定的含氖化合物。空气中含有的微量氖气也是得到它的唯一来源。幸运的是，氖气并不像氦气（He）那么轻，不易逃离地球，因此地球上氖气的储量较氦气更多。

制造霓虹灯所需的氖气会耗尽吗？

氖气当然会耗尽。作为稀有气体大家族中的一员，氖气在地球上的含量是很少的，只占空气的几万分之一；它主要以单质的形态存在于大气中，没有任何化合物。由于氖的化学性质很稳定，目前使用的氖气都是从空气中分离得到的，所以霓虹灯所需的氖气总有一天会耗尽的。

常听说氦氖激光，它有什么特别之处吗？

氦氖激光器是一种气体激光器，能够产生波长为 632.8nm 的红色激光。氦氖激光器的特别之处在于它是历史上第一台气体激光器，由美国贝尔实验室在 1960 年 12 月研制成功。氦氖激光在工业以及科学领域有着重要用途，日常生活中也能够见到它的身影，激光影碟机中读取光盘的激光就是氦氖激光。此外，在医疗领域中，它也常常用于治疗皮肤疾病等。

为什么试电笔检测到电流时会发出红色的光？

这是因为试电笔中存在充满氖气的氖泡，氖气在放电时会发出红色的光，能够明显地提示电流的存在。那么氖气在通电时为什么会发出红色的光呢？这是因为电流激发了氖原子的外层电子，使得电子跃迁，从低能级跃迁到高能级，随后电子又会从高能级返回到低能级，这一过程中释放出的能量会以光的形式发射出去，所以通电时氖气会发出红色的光。同时，氖气的电阻很大，当使用试电笔时，电流经过氖气会大大减小，再经人体导入大地，不会对人体产生伤害，这也是试电笔的原理。

厨房中可以找到很多钠的化合物，例如食盐的主要成分就是氯化钠。

金属钠的焰色反应为金黄色。

小苏打，即碳酸氢钠，可用于制作面包。

脾气火爆的金属

钠（Na）单质是一种质地柔软、延展性好的银白色金属。同氟一样，钠元素在自然界中也不以单质形式存在。因为它过于活泼，在空气中会被迅速氧化，也能与水发生剧烈反应，所以工业制备出来的金属钠必须在石蜡、煤油等特殊物质中保存。此外，钠还有一种著名的化合物——氢氧化钠（NaOH），俗称烧碱或火碱，是一种高腐蚀性的强碱。

钠·芬奇
密码

忙碌的
调控者

钠是调控人体肌肉和神经组织的主要元素之一，是人体不可或缺的矿物质营养素。人体中的钠大多存在于血液与细胞外液中，起到调节体液平衡，协助神经、心脏、肌肉等器官和组织正常运作各种生理功能的作用。

夜间道路两旁常见的橘黄色路灯称为钠灯，它利用钠蒸气放电产生可见光。钠灯发光效率高，光线柔和，照射路面时具有良好的可见度，在雾霾等环境下透光能力强。虽然更为节能的 LED 路灯正在逐渐取代钠灯，但钠灯仍是当前路灯的主要选择。

照亮回家的路

厨房 中的常客

钠的很多化合物都是厨房中的常客，例如食盐和小苏打。食盐的主要成分就是氯化钠（NaCl），它是一种广泛使用的调味料，也是人类最早熟知的一种化合物，曾被当作货币使用。小苏打的主要成分为碳酸氢钠（$NaHCO_3$），70℃ 以上时开始分解产生二氧化碳（CO_2）。人们在制作面点等食物的过程中，常常加入小苏打作为膨松剂，因为它受热会产生气体，促使面点形成致密多孔的结构，从而使其口感松软。

既然钠那么活泼，把它扔到池塘和雪地中会发生什么现象？

我们都知道，金属钠扔到水中后会发生剧烈反应，如果将大块的钠扔入池塘中，可以观察到钠会迅速燃烧，并在瞬间就发生爆炸。这是因为钠和水反应生成了氢气，氢气在高温下被点燃会发生爆炸。

但将金属钠扔到雪地中时，低温使得反应速率降低，因此燃烧过程会变得温和，但整个过程依然会释放大量的热，将钠附近的雪层融化，雪地上会出现一个越来越深的洞，直到反应结束。由于钾比钠更为活泼，若将钠换成钠钾合金，可以观察到更为酷炫的现象。将钠钾合金扔在雪地中时，合金在与雪地接触的瞬间会迸发出大量火花，如同烟花一般。

钠可以保存在汽油中吗？

实验室中，少量的钠一般保存在煤油中，这样可以使它与空气隔绝，避免发生反应。理论上汽油也可以起到相同的作用。但是汽油具有较高的挥发性，如果用汽油保存钠的话，等到汽油挥发后，钠就会暴露在空气中，渐渐被氧化，因此需要经常添加汽油，相对麻烦，而且汽油的成本也比煤油要高。

目前的工业生产中，大量的钠是储存在铁桶中，充入氩气密封保存的。这是因为虽然煤油可以保存金属钠，但大量的钠用煤油存储成本较高，并且具有安全隐患。此外，煤油中的有机酸等物质会逐渐和钠反应生成有机酸钠附在钠的表面，这也是从煤油中取出的金属钠表面呈现黄色的原因。

为什么大量出汗的人需要补充淡盐水，白开水不行吗？

人体在大量出汗的时候，不仅体内的水分会流失，还会带走体内的电解质，主要是钠离子，也包括钾离子、钙离子和镁离子等。人体中钠离子的主要功能是调节体内的水分与渗透压，维持酸碱平衡，维持血压正常。人体大量出汗会使钠离子过量排出，影响体液中的电解质平衡，严重时会引起低钠血症。所以过量出汗的人需要补充淡盐水，白开水或纯净水都没有办法补充被汗液带走的电解质。

镁（Mg）

镁元素是叶绿素的主要组分。

老式照相机利用镁粉燃烧发出的光作为闪光灯。

Magnesium

略带苦味的金属离子

与钠相似，镁（Mg）单质也是具有银白色光泽的金属。镁的性质相对活泼，在空气中易被氧化。早在18世纪，镁的化合物就被当成药物使用，如氯化镁（$MgCl_2$）等常作为泻药。有意思的是，镁离子略带苦味，这也是氯化镁当年被称为"苦卤"的主要原因。

烟火离不开它

镁金属单质在空气中燃烧时会发出耀眼的白光，因此是燃烧弹和照明弹不可缺少的核心组分。同时，镁粉也可以作为烟火中的发光剂。

闪光灯的前辈

也是因为前述镁的这一特性，老式照相机中采用镁粉作为类似闪光灯的照明材料。摄影师手持一个装有镁粉的罩子，引燃镁粉的同时按下快门即可补光。很多电影中都再现了这一幕。它也用于实现舞台上的戏剧特效，如模拟闪电等自然现象。

绿色植物的上色师

镁元素之所以可以作为药物，是因为镁是人体不可缺少的元素之一。它在人体肌肉和神经正常运作的过程中起到了非常重要的作用。人体内蛋白酶的正常工作离不开镁离子，这也是前述铍元素具有毒性的主要原因，铍离子会取代酶中的镁离子使酶失去活性。镁元素对于植物来说更为重要，它是叶绿素的主要组分，而叶绿素是植物进行光合作用所必需的物质。若植物缺乏镁元素，叶面会逐渐变成黄色或红紫色，进而形成褐斑坏死。

不是绿色的叶子中含有叶绿素吗？

植物叶片的颜色和它所含有的色素有关，其中涉及色素的种类、比例以及在植物体内的分布情况。一些植物的叶片虽然不是绿色的，但并不代表它们不含有叶绿素。以枫叶为例，其中所含的色素包括叶绿素、类胡萝卜素和花青素。如果把大自然比作一个画师，那么枫叶就是画师手中的画布，叶绿素、类胡萝卜素和花青素等色素就是颜料，这些颜料在调色盘上的种类、比例和分布都会对最终显示出来的颜色有影响。春夏季节过后，温度降低，枫叶体内的叶绿素含量下降，类胡萝卜素的优势就表现出来，叶子呈黄色或红色。进入深秋之时，早晚温差大，叶片内的糖分积累增加，有利于促进花青素合成，花青素含量增加，因此枫叶呈红色或橙红色。其实影响植物颜色的因素有很多，如光照、温度、土壤等。所以，不要以为不是绿色的叶子就不含叶绿素了哦。

镁及镁合金的耐腐蚀性差是缺陷吗？

每种物质的性质都有相对性，一种性质的存在并无好坏之分，如果一定要判断某种性质是好是坏，那也是相对它的用途来说的。镁及镁合金的耐腐蚀性确实较差，但是可以利用这一特性，将镁合金作为新型可降解生物医用材料使用，它的易腐蚀性可以使它植入人体后在体内逐渐降解直至消失。比如将镁合金制成骨钉、骨板和骨针等临时性植入材料，避免了二次手术取出的麻烦，不仅减轻了病人身体的痛苦，也减轻了他们的经济负担。此外，作为人体必需的营养元素，镁合金的生物安全性也较高。因此，镁合金在骨内植入物领域中被誉为革命性的金属生物材料，但是它的临床医疗应用目前仍在探索中。

易拉罐主要由金属铝制成。

红宝石和蓝宝石的主要成分都是氧化铝。

铝合金是目前广泛使用的合金材料，这个轮子就是用铝合金做的。

存在感悬殊的金属

　　铝（AI）单质是较软且易延展的银白色金属，性质相对活泼，因此自然界中难以存在金属铝。铝是地壳中含量位于第三的元素，也是含量最多的金属元素。尽管铝元素在自然界中广泛存在，但生物体内并不含铝单质及其化合物。

地壳中含量最多的金属元素

7.73%

　　作为金属铝的产品之一，易拉罐是饮品开罐设计中的经典。易拉环的设计使得饮品无需开罐器即可轻松打开，非常适合即兴消费。此外，相比于塑料包装，铝罐的回收率更高，且二次加工成本也较低，对环境造成的污染相对较小。但易拉罐并非完全由纯铝制成，因为饮料内所含的物质还是会缓慢腐蚀铝材，所以易拉罐的内壁都会添加一层涂层，当然这也是出于健康方面的考虑。

今天你喝了吗

由于铝的延展性好，它可以制成铝箔，也就是厨房常用的"锡箔纸"。铝箔的主要用途之一就是装盛食物，且由于热传导性能良好，它常用于食物的烧烤等烹饪过程。早年的锡箔纸确实由锡箔制成，但出于成本及健康考虑，目前都已换成铝箔，只是仍延续了锡箔纸的叫法。

锡箔纸的本尊

锡箔纸是铝不是锡哦

提到铝元素，可能最为人知的就是铝合金。铝是轻金属，密度仅是铁的 1/3 左右。铝还耐腐蚀，因为它会被空气中的氧气迅速氧化，形成致密的氧化铝（Al_2O_3）膜层，可以抵御水、气及各种化学物质的腐蚀。但同镁类似，纯铝较软，无法作为工业材料应用，若掺入少量铜、锌、锰、硅及镁等元素，则可以显著提高合金材料的强度，同时又保持了铝材的性能，因此铝合金成为当前应用最广泛的合金材料。

合金中的最佳拍档

在历史上，铝真的比银还要贵吗？

历史上还真有一段时间，铝比银要贵得多，甚至比金子还要贵。当时的铝到底有多贵呢？19 世纪俄国作家车尔尼雪夫斯基（Nikolay Gavrilovich Chernyshevsky）的小说《怎么办？》中写道："终有一天，铝将代替木材，甚至可能代替石头。看，这一切多么奢侈，到处都是铝。"同时期的法国，正处于拿破仑三世（Napoléon Bonaparte）时期。在当时的宴会上，拿破仑为了凸显他的尊贵身份，使用的是铝质餐具，而参与宴会的客人使用的是银质餐具。他还命人专门制造了一顶铝质的皇冠，戴上以后神气十足地接受贵族的觐见。此外，1889 年英国皇家学会为了表彰门捷列夫（Dmitri Ivanovich Mendeleev）发明元素周期表的卓越贡献，赠予他一个珍贵的铝质花瓶。

为什么铝曾经这么贵重呢？铝明明是地壳中含量最多的元素啊？这个问题就要从技术发展的角度来回答了。铝被发现后的很长一段时间里，人们都无法将它分离出来，因为铝的化学性质太活泼了，总是和氧牢牢结合在一起。在拿破仑时期，只能通过保护气氛下进行的钠热还原反应将金属铝分离出来，成本是极其高昂的，因此铝就变得分外贵重，只有拿破仑这种处于至高无上地位的人才能享有。随着科学技术的发展，到第二次工业革命时期，人们发现可以通过电解法制备铝单质，使得大规模生产铝成为现实。从那个时候起，铝就渐渐失去了它的贵气。

美剧《绝命毒师》中，老白他们偷水合甲胺时用什么方法把锁熔掉的？

有这么大威力，能让老白不禁感叹"Juses（上帝啊）"的必须是铝热剂。那么铝热剂到底是什么呢？它是铝粉和难熔金属氧化物的混合物，一般是将铝粉和三氧化二铁粉末按照 1:3 的比例混合，反应时利用镁条点燃，反应会发出耀眼的光芒，并释放大量的热，反应温度可高达 3000℃！所以，熔化一把锁对于铝热反应来说还是很容易的。铝热剂一般被用于轨道焊接等高温户外作业中，在军事领域也常用于制作燃烧弹，这种燃烧弹威力巨大，甚至能熔穿装甲。

水晶的主要成分就
是二氧化硅。

硅芯片是手机、计算机
等智能化系统的心脏。

Silicon

岩石与沙砾的主要
成分是二氧化硅和
硅酸盐化合物。

地球母亲的基石

　　硅（Si）是极为常见的一种非金属元素。它在地壳中的含量比铝还要多一些，仅次于氧。硅单质为深灰色晶体，泛蓝色光泽。但自然界中的硅极少以单质形式存在，而是以二氧化硅（SiO_2）或者硅酸盐化合物的形式，广泛存在于岩石、沙砾与尘土之中。如果说碳是地球上所有生物的基石，那么硅就是地球的基石。

　　虽然"硅石"这个词听起来粗粝而狂野，但硅元素却在尖端科技中发挥着极其重要的作用。硅是一种常见的半导体材料，硅片经过加工后可以作为芯片使用，而芯片是现代信息技术的基础，是计算机、手机、电视以及各种智能化系统的心脏。另外，硅也是太阳能电池的主要原料之一，在新能源的利用上有着举足轻重的作用。

走在科技前沿的硅

闪闪惹人爱

　　除了如此尖端的一面，硅在历史长河中也有着惊鸿一瞥。水晶、玛瑙及欧泊等贵重宝石的主要成分都是二氧化硅。而在日常生活中，硅与人类的关系就更密切了。二氧化硅与碳酸钠（Na_2CO_3）、氧化钙（CaO）等化合物在高温下熔融，快速冷却后即可制得玻璃。而作为最重要的建筑材料之一的水泥，其主要原料之一就是二氧化硅。

外星人 的可能性

　　地球生物中，有一类名为硅藻的浮游藻类外覆二氧化硅等硅质作为细胞壁。由于硅与碳的性质类似，因此有人猜测，可能存在类似碳基生命的硅基生命，硅藻成为可能存在硅基生命的一种证据。但硅藻还只是一种相对初级的生命形态，更高级别的硅基生物在地球上还未发现。很多科幻小说中常常将更为复杂的硅基生命设定为外星人的形象。

为什么硅有时候也写作"矽"？

"硅"和"矽"其实都是对于硅元素的称呼，硅元素由"矽"改名为"硅"的这段历史还是蛮有趣的。20 世纪初，中国的学者将元素名称由英文翻译成中文时，普遍采用的编译方法是以偏旁和英文第一个音节造字而成，比如元素 Si，其英文名为 Silicium，当时设计出的字是"硅（音 xī）"，造字者的想法是"硅"能让人联想到土壤，类似"畦"这个字。顺便一提，"畦"字在当时读作"guī"，并不读作"qí"。

但是"硅（音 xī）"字出现后，大部分人按照读字读半边的习惯将其误读为"guī"。后来，中国化学界认为元素的中文名应该与英文第一个音节谐音，所以造出了"矽（音 xī）"字来替代"硅"，以纠正人们的错误。因此很长一段时间内，"矽"和"硅"是混用的。到 1953 年 2 月的时候，中国科学院经过研讨后决定，由于"矽"和另外两个化学元素"锡"及"硒"读音相同，容易混淆，所以将 Si 改回原名"硅"，并且按照大部分人的习惯，读作"guī"。现在只是偶尔还能见到用"矽"来代表硅元素。

硅胶为什么能用来当干燥剂？

硅胶又叫硅酸凝胶，是一种多孔粒状二氧化硅水合物，除了强碱、氢氟酸外不与任何物质发生反应，不溶于水和其他溶剂，化学性质稳定。硅胶是由硅酸钠加酸后洗涤、干燥制得的，具有开放的多孔结构，比表面积大，因此能够吸附很多物质，包括水分，所以人们常常使用硅胶作为干燥剂。这种硅胶是用氯化钴溶液浸泡后经过烘干和活化处理的，吸水前呈蓝色，吸水后会变成红色，又叫作变色硅胶，可以重复使用。

硅胶是一种很安全的物质，一般不与其他物质发生反应，可以与药品、食品直接接触使用。如果不小心误食了少量硅胶干燥剂，也不用担心，它不会对人体造成伤害，会随着人体排泄物一起排出体外。

磷化氢自燃产生
"鬼火"现象。

Phosphorus

这条裙子的颜色很特别，这是因为磷有多种同素异形体，包括白磷、红磷和黑磷等。

另一个多胞胎家族

同碳类似，磷（P）单质也存在多种同素异形体，并且不同形态间性质差异巨大。最常见的是白磷，亦称黄磷，为无色或淡黄色的半透明蜡状固体，剧毒且有特殊的刺激性气味，极易自燃，生成白色烟雾；另一种较为常见的形态是红磷（赤磷），为鲜红色粉末，不能自燃，基本没有毒性；此外也存在黑磷及紫磷等在相对苛刻的条件下制备的形态。因为磷的性质较为活泼，所以自然界中的磷通常以磷酸盐的形式存在。

让人毛骨悚然的作祟者

人或动物死亡后，尸体腐化过程中会产生磷化氢（PH_3），它是一种无色、剧毒且有鱼腥臭味的气体。与白磷类似，磷化氢也极易自燃，这就是在墓地等尸体堆积的地方容易出现"鬼火"的原因。我国古代人民很早就意识到这一点，"磷"字即由"粦"字转化而来。"粦"本从炎，隶变从米，因而上半部分"米"即为"炎"，取其火之意，下半部分"舛"意指两只方向相反的脚，因而"粦"借指腿部的火，意即鬼火，后加石字偏旁以作元素性质之辨。

磷对于植物的生长很重要，磷肥能够促进植物生长，提高农作物产量。此外，水体的富营养化是受磷酸盐等物质的影响。人和动物体内也含有磷，主要存在于骨骼与牙齿中。磷在人体内主要以磷酸基团形式存在，对于人体的能量代谢过程有着重要的调控作用，它还是 DNA 的重要组分。一般来说，日常饮食即可提供人体所需的磷元素，比如可乐中就含有磷酸。

促进植物生长的魔法师

火柴中的奥秘

此外，火柴最初也是利用白磷易燃的特性制造的，通过摩擦生热点燃白磷，进而点燃火柴，是一种极为简易的点火装置。但由于白磷毒性太大，很快就被更为安全的红磷所取代，目前所用的火柴均为红磷火柴。此外，早期的磷置于火柴头上，不够安全，因为它可以在任意粗糙表面摩擦点火，所以后来将磷移至火柴盒表面，只有当火柴头摩擦磷皮时才能点燃。

天天向上
好好学习

极其凶残的武器

由于白磷极易自燃，且有剧毒，危害极大，因此曾被广泛用作武器。利用白磷的特性可以制作燃烧弹，不仅能够快速燃烧，并且燃烧温度极高，一旦起燃较难扑灭，同时产生的烟雾对人的眼睛、皮肤及呼吸道具有强烈的刺激性，因此此类武器触及人体极易造成死亡。正是因为白磷燃烧弹如此凶残且不人道，目前已被各国弃用，转而用于制作目标指示弹和烟雾弹。

磷最早是由人们通过炼尿发现的吗？

磷元素的发现过程真的很奇特，最早是德国的炼金术士亨尼格·布兰德（Hennig Brand）在炼尿的时候发现了这种元素。中国古代的道士喜欢炼长生不老丹，而西方国家的炼金术士则不断在追求点石成金的技术。布兰德就是这样一位炼金术士，他认为人体和炼金有很大的关联，因为人体能将摄入的东西变成完全不同的另一种东西排出来，于是他决定从尿液入手。布兰德收集了大量尿液，对其进行暴晒、蒸馏和沉淀等各种处理。炼尿并没有让布兰德制造出点金石，但是却让他意外地发现了磷，这种物质能够发光，还能够自燃，于是布兰德将其命名为"Phosphorus（启明星）"。炼尿发现的磷被他用来作为照明灯，他还借此发明了夜光墨汁。

为什么说白磷弹接近纯粹邪恶？

白磷弹是一种燃烧性弹药，内部装有白磷燃烧剂，周围填充铝热剂。当炸弹被引爆后，炸出的燃烧剂碎片上的白磷与空气接触开始自燃，从而引燃铝热剂，使其剧烈燃烧。燃烧的白磷一旦接触到人体，会穿透皮肉烧到骨头，不仅如此，燃烧产生的气体还会对眼鼻产生强烈的刺激，让人生不如死。特别是白磷弹中加入了特殊的黏稠剂，这种邪恶的黏稠剂使得燃烧物质牢牢粘在人体或者装备上，无法摆脱，直到人被活活烧死。就算伤者侥幸活了下来，也会经历剧烈的肉体和精神痛苦。一枚白磷弹的影响范围几乎有 6 个篮球场那么大。1980 年通过的《联合国常规武器公约》将白磷弹列为违禁武器，禁止对平民或在平民区使用。

就算不考虑白磷燃烧时对人体的伤害，正常状态下的白磷也是有剧毒的。如果一个人不幸误服了白磷，胃和肠道会受到刺激慢慢被腐蚀，甚至出现胃穿孔，继而肝和肾受到不同程度的损伤，严重的话会直接导致肾衰竭。摄入白磷剂量过大的话会导致全身出血，循环系统衰竭而死。

硫黄在古代常被用作
炼金术的原材料。

硫的很多化合物都有
刺鼻性气味。

Sulfur

自然状态下的硫黄
呈黄色，加热成液
态后变为红色。

地狱的气味

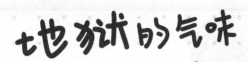

硫（S）可能是让人们感觉形象最立体的一个元素，它仿佛一出场就自带臭味。但事实上，硫单质并没有气味。它是浅黄色晶体，质地柔软。硫之所以背上带有恶臭的罪名，是因为硫的很多化合物都有刺鼻性气味，比如二氧化硫（SO_2）和硫化氢（H_2S）。自然界中，硫常以硫化物或硫酸盐的形式出现，但也常见硫的单质形态，如火山口附近常有硫黄，因此它也是很早就为人类所熟知的元素之一。

经常在火山口附近玩耍的硫元素

硫的一个著名化合物就是硫酸（H_2SO_4）。它是一种具有高腐蚀性的强酸，为透明至微黄色液体，在任何浓度下都能与水混溶并且放热。硫酸之所以危险，不仅仅在于它具有强酸性，它与人体组织接触时，还会吸水并释放大量热量，在化学伤害的基础上增加额外的烧伤。

听起来就觉得可怕的酸

自然的破坏者

炼金术中硫的符号

自然界中的煤炭及石油燃料中常常含有少量的硫，因此它们在燃烧时会释放二氧化硫气体。若不加以处理的话，二氧化硫会与大气层中的水汽结合，形成亚硫酸（H_2SO_3），若伴随降雨过程降落至地面，就是酸雨。酸雨的强腐蚀性使得它不仅对于动植物和人类具有危害，连建筑和机械都会受到影响，因而酸雨也被称为"空中死神"。因此，必须对化石燃料的产物进行严格处理。

制制火药杀杀虫

我国古代很早就存在关于硫的记载，当时人们将块状的单质硫晶体称为硫黄，并对其性质进行了研究。硫黄易燃，四大发明之一的火药即以硫黄、木炭和硝石按照一定比例配置而成，其中硝石为硝酸钾（KNO_3）。此外，古时有端午喝雄黄酒的习俗，雄黄也是含硫化合物，它的主要成分为四硫化四砷（As_4S_4）。雄黄有毒，可以杀虫，因此古人不仅将雄黄粉撒在蚊虫滋生处，还饮用雄黄酒来祈望驱避百邪。事实上，雄黄毒性强烈，古法泡制的雄黄酒也需经过多步处理，后来这一习俗逐渐被废止。

世界上最臭的化合物是什么？

根据 2000 年吉尼斯世界纪录的记载，世界上最臭的化合物当属乙硫醇。目前，绝大多数的乙硫醇主要由人工合成，仅有少量的乙硫醇存在于石油中。乙硫醇的臭味类似蒜臭味，这种臭味强烈而持久，空气中含量仅占五百亿分之一的乙硫醇都能被人类闻到。乙硫醇具有毒性，吸入低浓度乙硫醇蒸气会引起头痛、恶心等不适症状，而高浓度的乙硫醇则会直接麻醉神经系统，可能导致呼吸麻痹从而造成死亡。不过这么臭的物质也并非一无是处，极少量的乙硫醇会被添加进天然气中，这样一旦天然气泄漏就能被人们闻到，从而最大限度地排除潜在危险。

葡萄酒中为什么需要添加二氧化硫？

二氧化硫是最常见的硫氧化合物，也是一种大气污染气体，同时它还是酸雨的制造者之一。如果说葡萄酒里添加了二氧化硫，是不是就意味着喝葡萄酒对人体有害了呢？事实上并非如此，葡萄酒里添加少量二氧化硫是很正常的。

葡萄酒的发酵过程，就是酵母菌将葡萄果汁里的糖发酵生成酒精和二氧化碳的过程。在这个过程中，也会生成很多杂菌，这些杂菌不仅会破坏发酵过程，还会对人体产生不利影响。二氧化硫不但能够除去这些杂菌，而且也不会对酵母菌产生不利影响。这是因为酵母菌对于二氧化硫的耐受能力较强。

此外，二氧化硫的还原性很强，是一种抗氧化剂，如果葡萄酒中出现氧化性物质，会被二氧化硫除去，这样葡萄酒本身的一些易被氧化的物质就得到了保护。

我们常说，"抛开剂量谈毒性就是耍流氓"，二氧化硫在葡萄酒中添加的量很少，并不会对人体产生影响，并且人们还没有找到更合适的添加剂来替代二氧化硫。因此，目前的酿酒工艺中，仍会往葡萄酒中添加少量的二氧化硫。

氯气为黄绿色
气体。

氯元素具有强烈的
毒性，因此氯看上
去也很凶。

氯气具有消毒和
漂白的作用。

Chlorine

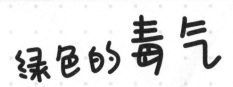

绿色的毒气

　　自然界中，氯（Cl）单质为黄绿色、具有刺激性气味的氯气（Cl_2），它曾被译为"绿气"，这是由其颜色命名的。

与氟气（F_2）类似，氯气也有毒，它会刺激人体呼吸道黏膜，严重者可造成死亡。在第一次世界大战的战场上，氯气首次作为一种化学武器出现，但很快就被其他更凶残的气体武器所取代。

日常消消毒

　　氯气的化学性质很活泼，可与水反应生成次氯酸（HClO），次氯酸极不稳定，会释放游离态的氧，具有氧化杀菌的作用，因此氯气曾被用于自来水和游泳池的消毒。但由于氯气毒性较大，且气味难闻，现已被其他的消毒剂所替代。此外，次氯酸分解出的游离氧也可氧化有机染料，使之褪色，因此湿润的氯气曾被用作漂白剂。

消毒界的老大

塑料中的佼佼者

聚氯乙烯俗称 PVC（Polyvinyl Chloride），是一种常见的高分子材料，由氯乙烯（CH_2CHCl）通过加聚反应制得。作为一种广泛使用的合成塑胶聚合物，PVC 最大的优势是阻燃，因此被作为建筑材料等使用。需要注意的是，PVC 必须要添加增塑剂才能使用，而增塑剂大多对人体有害，因此 PVC 正逐渐被新材料所取代。

我也是混塑料界的

人体中的胃酸

氯能与氢结合生成氯化氢（HCl），通常条件下为无色、具有刺激性气味的气体，易溶于水，其水溶液就是广为人知的盐酸，具有强烈的腐蚀性。有趣的是，人体中的胃也会分泌含有微量盐酸的消化液，俗称胃酸。胃酸能够杀死大部分进入消化系统的细菌，同时可以辅助消化食物。

最早将氯气、芥子气等有毒气体引入战争的是诺贝尔奖获得者弗里茨·哈伯吗？

当"有毒气体"和"诺贝尔奖"这两个词同时出现时，连接它们的人物便是弗里茨·哈伯（Fritz Haber）。他是德国化学家，出身于一个犹太家庭。在历史上，弗里茨·哈伯和卡尔·博施（Carl Bosch）首次利用氢气和氮气在高温高压下合成氨气，这使得他获得了 1918 年的诺贝尔化学奖。合成氨的成功对于农业界来说具有重大意义，这一难题的突破使得氮肥的来源不再依赖于天然矿产资源，极大地增加了粮食产量，推动了世界农业的发展。

然而弗里茨·哈伯获得诺贝尔化学奖的消息一传出，就在化学界炸开了锅。因为就在不久前，他刚被第一次世界大战的战胜国列入战犯名单。这一切都要从哈伯在一战中扮演的角色说起。弗里茨·哈伯说过这样一句话："和平的时候，科学家属于全世界。但战争时期，科学家为祖国服务。"一战期间，他全身心投入德国军方对于毒气的研制和使用工作中。在他的指导下，德国建立了世界上第一支毒气部队。更为可怕的是，他将氯气、芥子气等有毒气体用于战争，造成上百万人的伤亡，极其惨烈。虽然按照他自己的说法，他是"为了尽早结束战争"，但他的行为仍受到很多科学家的批评。他的第一任妻子、德国化学家克拉拉·伊梅瓦尔（Clara Immerwahr）非常反对他的行为，最后以自杀的方式进行抗议。

氟利昂是怎样破坏臭氧层的？

氟利昂一般是氯氟碳化合物，又称氟氯烃，日常生活中所说的氟利昂一般说的是二氯二氟甲烷。氟利昂是空调中常用的制冷剂，但大量使用会破坏臭氧层。这种气体被排放后，大部分停留在大气层的对流层中，慢慢积累后伴随大气环流进入平流层。此时强烈的紫外线作用会使氟利昂分解释放出氯自由基，氯自由基会和臭氧发生反应，消耗臭氧，从而使臭氧层变薄。臭氧层能够保护地球上的生物免受紫外线伤害，但目前南极上空已经出现了臭氧空洞。出于环境保护的需要，目前市场上的氟利昂正被逐渐淘汰。

Argon

氩气是稀有气体的一种，稀有气体也被称为惰性气体、贵族气体，看看他的领子！

氩气在高压电场下发出淡紫色光芒。

在葡萄酒的酿制过程中，氩气用于隔绝空气，以达到保鲜的目的。

实验室中的手套箱等装置需要氩气提供气体保护环境。

并不稀有的稀有气体

氩(Ar)单质在自然条件下以氩气(Ar)的形式存在。与氦气（He）和氖气（Ne）类似，氩气也是一种稀有气体，但它是大气中含量最多的稀有气体，其体积约占空气的 1/100，仅次于氮气（N_2）与氧气（O_2）。因此，它也是最早被发现的稀有气体。不过，虽然稀有气体性质极其不活泼，但仍有可能与其他元素结合形成化合物，不过需在极其苛刻的条件下合成与存在。

1 90% OFF 折

清仓处理

最勤奋的惰性气体

如前所述，稀有气体的惰性使得它们可以作为各种设备及反应的保护气。由于氩气储量充足，同时又是从空气提取纯氧和纯氮生产过程中的副产品，因此价格低廉，得到了极为广泛的应用。早先，氩气被注入白炽灯泡内，以防止钨丝在高温下氧化，从而延长灯泡寿命。

在葡萄酒的酿制过程中，氩气被用于隔绝氧气，减少微生物的新陈代谢，以避免酿造失败。由于氩气的传热率很低，因此可用作水肺潜水中膨胀潜水衣的充入气体。

近年来，氩气的保护性质在尖端科技中得到了更为重要的应用。实验室中的手套箱等装置需要氩气提供气体保护环境。博物馆的工作人员会将重要文物置于氩气环境中，以防文物被空气缓慢氧化。氩气甚至可用于灭火，它不会破坏火场的任何物品，通常在火场有精密仪器的情况下使用。此外，氩离子激光也用于破坏肿瘤、纠正眼部缺陷等外科手术中。

第一种被发现的稀有气体是什么？

按照元素周期表的排列顺序，稀有气体依次是氦气、氖气、氩气、氪气、氙气，然而人们最早发现的稀有气体是氩气，这其中的主要原因就是氩气是空气中含量最多的稀有气体。早在 1785 年，英国科学家亨利·卡文迪什（Henry Cavendish）就发现"空气中的浊气不是单一的物质，还混有一种不与氧气化合的浊气，总量不超过全部空气的 1/120"。但是当时他并没有对浊气的成分进行进一步的研究。英国物理学家约翰·斯特拉特（John Strutt）发现，利用去除空气中氧气的方法得到的氮气比分解氨得到的氮气要重 1.5%，这使得斯特拉特意识到空气中还有一种未知的气体。后来斯特拉特联合英国化学家威廉·拉姆齐（William Ramsay）设计了大量实验，发现这种气体的光谱中出现了一种人们从来没有发现过的谱线，从而确定了新的元素——氩。因为氩不与其他物质反应，非常不活泼，所以当时的人们将其命名为"Argon"，就是不活泼的意思。

用氩气能够在人体器官上刻字？

氩气在医疗手术中的主要应用是氩气刀，在高频高电压的作用下，氩气会被电离成氩离子，氩离子导电性强，可以连续传递电流，起到凝固组织的作用。与普通的高频电刀相比，氩气高频电刀凝血效果更好，对创面组织热损伤小，可明显缩短止血时间。

在肝脏移植手术中，氩气刀可以准确地在肝脏表面勾勒出所要操作的区域，因此被广泛使用。一般来说，氩气刀对肝脏是无害的，而且随着时间的推移，氩气刀留下的痕迹会渐渐消失，但也存在意外情况。根据英国《太阳报》的报道，英国一位肝脏外科医生西蒙·布兰豪（Simon Bramhall）在给病人做手术的时候，用氩气刀在病人移植的肝脏上刻下了自己名字的缩写 SB，直到病人复诊的时候，这一"签名"才被另一位医生发现。因为这位病人的肝脏并没有正常愈合，所以布兰豪医生用氩气刀刻下的"SB"痕迹依然存在。

钾的性格看上去十分开朗外向，这是因为钾是一种极为活泼的金属。

金属钾的焰色反应为浅紫色。

香蕉中含有大量的钾元素。

Potassium

钾肥是一种极为重要的化肥。

疯狂 的元素

钾（K）单质为具有光泽的银白色金属，与金属钠（Na）类似，质地也很柔软。钾是比钠更加活泼的金属，在空气中会被迅速氧化。由于钾的密度大于煤油，因此钾一般在煤油中密封保存。钾与水的反应异常剧烈，它甚至可以与冰反应并将冰层熔出孔洞。钾在自然界中不存在单质形态，而是以化合物的形式存在。钾的多种化合物自古以来便为人们所熟知，如硝石就是硝酸钾（KNO_3），草木灰的主要成分是碳酸钾（K_2CO_3），明矾则为十二水合硫酸铝钾（$KAl(SO_4)_2 \cdot 12H_2O$）。此外，氢氧化钾（KOH）也是一种强碱，又称苛性钾，它的性质与氢氧化钠（NaOH）类似。

刚刚好才可以

哎……还要站到什么时候

对于人体来说，钾也是必需的矿物质营养素，钾离子是人体细胞中主要的阳离子，参与细胞内糖和蛋白质的代谢。钾可以将细胞内的渗透压维持在适宜范围之内，也可以保持体液的酸碱平衡，有助于维持神经健康和心跳规律。人体主要依靠肾脏来调节体内的钾离子浓度。若体内的钾离子浓度过低，会引发一系列问题，如肌肉无力、反射反应减弱，严重的会导致呼吸麻痹、心律失常，甚至危及生命。反之若体内的钾离子浓度过高，会造成心律不齐甚至心跳停止等症状。因此肾脏对钾离子浓度的调节极为重要。

虽然听起来钾元素很危险，但它却是生物体内不可缺少的元素。钾与氮和磷并列为植物生长的三大营养元素。它对植物体内的酶具有活化作用，能够促进植物的光合作用、呼吸作用等多种代谢过程。具体来说，钾肥能促使植物茎秆强健，提升果实品质，还能增强植物的抗寒、抗病、抗虫害等各种抗性。

植物强健的秘诀

鸟粪也能引发战争？

可能大家都会觉得，鸟粪除了用作有机肥料外一无是处。事实上，鸟类的排泄物中含有丰富的氮磷钾盐，不仅能够提高土壤的肥力，还能提取出丰富的硝酸钾，用于制造火药、爆竹等物品。在历史上，秘鲁曾经靠鸟粪出口获取大量财富，也因此引发过战争。1866 年，智利、秘鲁和玻利维亚三国为了争夺鸟粪产地爆发了著名的南美太平洋战争，又称鸟粪战争。由此可见，鸟粪的价值还是相当惊人的。

黑火药为什么用的是硝酸钾而不是硝酸钠？

钾和钠这两种元素的性质极为相近，它们形成的化合物性质也非常相似。所以，理论上来说用硝酸钠制作黑火药也是可以的，它与有机物摩擦或撞击也能引发燃烧或爆炸，其威力甚至比硝酸钾还要强。但对于硝酸钠来说，最致命的问题是它很容易吸潮，特别是在含有极少量氯化钠杂质时，潮解性更为明显。这对于黑火药来说是极为不利的，如果采用硝酸钠制作黑火药，在保存过程中很容易因为吸潮而造成失效。所以制作黑火药的主要原料是硝酸钾，而不是硝酸钠。

用氢氧化钾和氢氧化钠做出的肥皂有什么区别？

我们常用的肥皂主要成分是高级脂肪酸钠，它是利用皂化反应获得的。将油脂和氢氧化钠混合后，就得到高级脂肪酸钠和甘油。随后，在溶液中添加氯化钠进行盐析，再经过填充剂处理就能得到固体肥皂。若以氢氧化钾进行皂化反应生成高级脂肪酸钾，成品则为浓稠的乳状，就是我们常说的沐浴乳。

钙是组成动物（包括人类）骨骼及牙齿的主要元素。

碳酸钙是贝壳和珊瑚的主要成分。

Calcium

建屋筑舍的好帮手

钙（Ca）单质为银白色金属，化学性质较为活泼，自然界中不存在钙的金属单质，它以化合物的形式存在。人类对于含钙化合物的认识和利用非常早。古希腊时期人们便已将生石灰用作建筑材料，生石灰就是氧化钙（CaO）。在我国古代，人们对于石灰的使用也非常熟稔，将石灰石烧制后即可获得生石灰，石灰石的主要成分为碳酸钙（$CaCO_3$）。这一过程被称为"焚石成灰"，是人类历史上最早发现并利用的化学反应之一。由于石灰原料分布广泛，生产工艺简单，因此成本低廉，至今仍广泛用作建筑工程材料。

也是动物们的好帮手

碳酸钙在地球上的储量极为丰富，它除了以岩石和矿物的形式存在，还广泛存在于生物体中，是贝壳和珊瑚的主要组成部分。钙元素之所以有如此奇异的特性，是因为自然环境中可溶性钙的含量较高，容易被生物体吸收，同时它又容易被固化，即易于生成不溶于水的固态物质，因此成为某些生物建屋筑舍的材料。

伙伴们，听我号令！

人体骨骼的建造者

　　钙是人体必需的营养元素，同时也是人体中含量最多的金属元素。人体内的钙绝大多数都分布于骨骼与牙齿中，构成人体骨架，支撑保护人体。极少量的钙离子分布于全身组织、器官及体液中，参与人体的多种生理活动，与人体神经、免疫、生殖等多个系统的运行关系极为密切，对神经系统的信号传输有着极为重要的影响。例如，若人体血液中钙离子的浓度过低，肌肉就会变得敏感，受到轻微的刺激就会发生痉挛，也就是通常所说的抽筋。因此人类的健康离不开钙。

常说人体需要补钙，那么植物需要补钙吗？

是的，需要补钙的不仅是人类，植物也需要补钙。钙是植物体内必需的营养元素，它参与细胞壁和多种细胞器的合成，能够维持细胞壁和细胞质膜的稳定，在参与信号传导方面也起着重要的作用。

以水果为例，钙元素能够提高果实发育成熟过程中的中性转化酶的活性，促进有机酸的转化和糖分的积累，调节果实的生理代谢过程。在农业生产中，通常会在果实幼果期和果实膨大期对树体进行补钙，增加果实中钙的含量，使果实具有一定的硬度，抑制维生素 C 等物质的转化降解，从而达到减缓果实衰老、改善贮藏品质以及降低烂果率的效果。

老人们经常说没事要多晒晒太阳，晒太阳能补钙，真的是这样吗？

晒太阳能够补钙是有一定科学道理的。根据波长的不同，太阳发射出的紫外线分为 UVA、UVB、UVC 3 种。UVA 是长波紫外线，波长 315~400nm，穿透性极强，能穿透玻璃和塑料进入室内及车内，可以直达肌肤的真皮层，使得肌肤晒黑老化，皱纹的产生和皮肤癌也和 UVA 有关。UVB 即中波紫外线，波长 280~315nm，穿透性中等，大多能被平流层臭氧所吸收，夏天及午后会特别强烈，长时间照射会引起晒伤和皮肤红肿，严重者甚至脱皮。UVC 为短波紫外线，波长 100~280nm，穿透性很弱，但是很危险，短时间照射便会灼伤皮肤，不过好在 UVC 会被臭氧层阻隔，不会伤害到人体肌肤。

在上述紫外线辐射中，UVB 能够促进维生素 D 的合成，而维生素 D 能够调节钙和磷的吸收，促进骨骼生长。维生素 D 的合成必须要有紫外线参与，充足的太阳是促进人体自身合成维生素的主要途径。所以说晒太阳能够补钙是具有一定科学道理的。不过也不能在太阳下暴晒，否则会对皮肤造成伤害。

化合物

·第2章·

同种元素形成的纯净物质称为单质，由两种以及两种以上的元素组成的化学物质叫作化合物。对于一种化合物，不同元素的比例是固定的。一般来说，相同的几种元素可以按照不同的比例形成多种化合物，例如氢和氧就可以形成水和双氧水两种化合物。

　　元素只有 100 多种，却形成了不计其数的化合物，这可能是化学最迷人的地方，但也是最错综复杂的地方。不同的化合物性质各异，就算由相同几种元素组成的多种化合物，它们的化学性质也可能大相径庭，比如水是一种极其温和的溶剂，而双氧水则具有很强的氧化性，可以杀菌消毒。

　　在元素符号的基础上，单质和化合物也可以利用化学语言表示，这称为分子式。它能够表示化合物分子的组成和其中各元素原子的数目。水的分子式是 H_2O，代表一个水分子是由两个氢（H）原子和一个氧（O）原子组成的，而双氧水（H_2O_2）分子则是由两个氢原子和两个氧原子组成的。

　　本章简要介绍了由元素周期表中前 20 种元素组成的 80 种化合物，并按照这些化合物的主要性质分为 8 类。在成千上万的化合物中挑选出它们并不容易，想要在化合物精灵形象中融入其化学性质更是难上加难。化合物的性质多样，像水不仅仅是维持生命的液体，在生活和工业生产中也发挥着重要作用。因此我们一般选取化合物最重要的一些性质，并将其融入化合物精灵的设计中。

水 (H₂O)

最常见的液体

水是日常生活中最常见的物质之一，它由氢和氧两种元素组成。自然界中的水存在着多种形态，常温常压下的水为无色透明的液体，降温至 0℃ 时水会凝固结冰，而升温至 100℃ 时水又会汽化形成水蒸气。水是人类及动植物维持生存所需的重要物质，也是人体重要的组成部分，约占人体质量的 7/10。另外，地球表面 7/10 以上的区域被海洋所覆盖。虽然水资源看起来很充足，但绝大多数的水无法直接饮用，因此仍需珍惜水资源。

丙三醇 (C₃H₈O₃)

丙三醇俗称甘油，是一种常见的有机物，其结构简式为 $C_3H_5(OH)_3$。它是一种无色且带有甜味的黏滑液体，对人体无毒。丙三醇具有吸湿性，可以吸收空气中的水蒸气，因此食用级丙三醇作为甜味剂和保湿剂被广泛应用于食品行业中，在蛋糕、冰激凌及果脯等零食的成分表中经常可以见到它的身影。此外，丙三醇也常常用于医药及化妆品领域。

食物和护肤品中的保湿剂

碳酸钠 (Na₂CO₃)

碳酸钠又名苏打、纯碱或石碱，是日常生活中常见的一种物质，一般情况下为白色粉末状，易溶于水，其水溶液呈碱性。在传统的面点制作过程中，需要利用酵母菌产生气体，促使面团膨胀，这一过程称为发面。而酵母菌在代谢过程中会产生酸性物质，影响面点最终的口感，因此需要在揉面的过程中加入少量碳酸钠，以中和酸性物质，获得更好的口感。碳酸钠也是一种重要的化工原料，在日化、建材以及化学工业中有着广泛的用途。

中和面点酸味的物质

与碳酸钠类似，碳酸氢钠也属于苏打家族，通常称为小苏打，外观为白色粉末。由于它在 50℃ 以上就会缓慢分解，释放出二氧化碳气体，因此常常作为食品制作过程中的膨松剂。并且由于碳酸氢钠受热分解后会生成碳酸钠，在面食制作过程中能够达到一举两得的效果，因此在食品制作领域比碳酸钠应用更为广泛。另外，碳酸氢钠也常作为清洁剂和除味剂使用，能够消除污渍及异味。

让面包膨松可口的膨松剂

碳酸氢钠 (NaHCO₃)

乙酸(CH₃COOH)

乙酸又称醋酸或冰醋酸，常温下为无色透明液体，是食醋中酸味的来源。食醋通常通过谷物或水果发酵酿制而成，仅含 3%~5% 的乙酸，因此它并不一定为无色透明液体，而常呈焦糖色或淡红色。食醋的酿造过程与酿酒类似，只在最后一步利用醋杆菌将乙醇转换为乙酸。因此，在人类文明史中，醋和酒的发现总是联系在一起的。需要注意的是，乙酸具有腐蚀性，其蒸气对于人的眼睛和鼻子有刺激作用。

醋的酸味的来源

蔗糖(C₁₂H₂₂O₁₁)

糖果甜味的来源

蔗糖是食用糖的主要成分，冰糖、白砂糖、赤砂糖（红糖）及绵白糖基本都由蔗糖构成。赤砂糖中因为掺杂了较多的铁等其他杂质，所以呈红褐色。蔗糖是植物进行光合作用的主要产物，为植物的生长提供能量，因此在植物体内含量极高。

人类食用的蔗糖基本都是从植物体中分离获得的，像甘蔗和甜菜就是制备砂糖的主要原料。糖的热量相对较高，也是人类获取能量的主要来源之一。

氯化钠 (NaCl)

氯化钠是食盐的主要成分，而食盐是一种家喻户晓的调味品。氯化钠为无色或白色立方晶体，易溶于水。氯化钠并不仅仅是为人类提供"咸"这种味道，它也是生物体必需的一种物质，其中所含的钠离子和氯离子对于人体多个生理过程的调节均具有重要作用。由于人体的汗液会带走大量的氯化钠，因此必须在每日的膳食中进行补充。氯化钠对于动物也很重要，大象等动物会进食富含盐分的土壤和矿物，有时候甚至会为此而进行争斗。海水中含有大量的氯化钠，因此海水的味道是咸涩的。从海水中制取粗盐是人们获取食盐的主要途径之一。

食物咸味的来源

辣椒辣味的来源

辣椒素是一种结构较为复杂的有机物，是辣椒属植物的主要活性成分。不同于酸、咸和甜等味道，辣其实是令口腔产生灼烧和疼痛的一种刺激。目前认为，辣椒素的产生是植物防止被食草类哺乳动物啃食的一种进化手段。哺乳动物在食用植物的过程中很容易碾碎它们的种子，不利于种子的传播。有趣的是，辣椒素不会对鸟类的口腔产生刺激。鸟类在食用含有辣椒素类植物的果实后，其消化过程不会对植物的种子造成破坏，种子随后伴随排泄过程散播到别处。久而久之，一些植物中辣椒素的含量越来越高，以减少被哺乳动物食用的可能和增加种子传播的概率。

辣椒素 ($C_{18}H_{27}NO_3$)

让香肠更美味的添加剂

亚硝酸钠 (NaNO₂)

纯净的亚硝酸钠通常为白色或浅黄色晶体。作为亚硝酸盐的一种，亚硝酸钠饱受非议。一方面，它是常见的食品添加剂，可以使肉制品保持鲜艳诱人的红色，并可增加肉类的风味；同时它也具有防腐作用，能够抑制肉毒杆菌的生长。另一方面，高剂量的亚硝酸钠对人体具有明显的毒性，并且也有着明确的间接致癌机理。但因食物中广泛存在亚硝酸盐，且在现有的食品添加剂中并未找到更好的替代品，亚硝酸钠目前仍是合法的食品添加剂。但最好尽量减少亚硝酸盐的摄入，像腌制或烟熏的肉类食品中亚硝酸钠的含量相对较高，建议控制这些食品的食用量。

磷酸 (H₃PO₄)

磷酸是一种常见的中强酸，其酸性比硫酸、盐酸等强酸弱，比乙酸和硼酸等弱酸又要强一些。室温下的磷酸为白色晶体，极易溶于水。磷酸中含有 3 个氢离子，在溶液中解离不同数量的氢离子会造成溶液的 pH 值不同，因此磷酸的酸性范围可调节。它常常作为缓冲溶液，可保证溶液中的酸性相对稳定。同时由于磷酸无毒，可乐等碳酸饮料常利用它作为酸度的调节剂，以保证口感的稳定。

调节可乐口感的一种酸

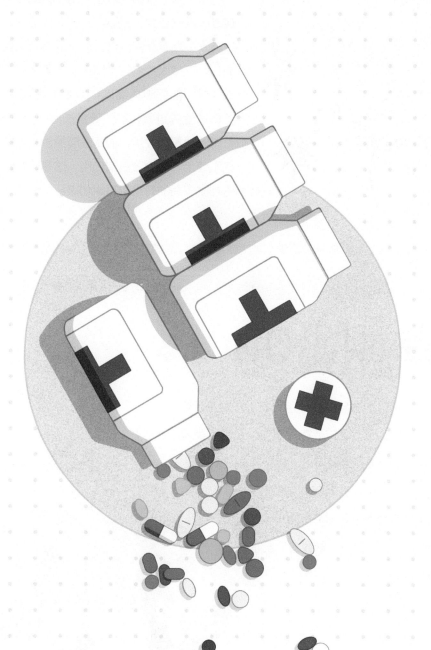

过氧化氢 (H_2O_2)

同水一样，过氧化氢也是由氢和氧两种元素组成的一种化合物，室温下为淡蓝色液体。它可以与水以任意比例互溶，其水溶液为无色透明液体，又称为过氧化氢溶液。过氧化氢具有强氧化性，能够破坏细胞结构，造成细胞死亡，因此低浓度的过氧化氢溶液常被用于处理伤口，具有杀菌消毒的效用。而高浓度的过氧化氢溶液在工业上可作为漂白剂使用，这是因为过氧化氢能够将物质表面的有机染料氧化破坏，使物质变为白色。

可以杀菌的液体

硼 酸 (H_3BO_3)

硼酸是一种弱酸，一般为透明晶体或白色粉末。虽然生活中我们感觉硼酸并不常见，但实际上它广泛存在于海水及植物果实中。硼酸具有药理作用，常见的硼酸软膏可用于治疗湿疹及皮炎。遗憾的是，硼酸具有弱毒性，因此在医药领域的应用有着较大的局限性，但作为杀虫剂有着显著的除虫效果。它能够影响蟑螂、白蚁等爬行害虫的新陈代谢，导致它们脱水死亡，是极其有效且无副作用的杀虫剂。

可以灭蟑螂的杀虫剂

治疗躁郁症的精神药物

碳酸锂为白色固体，是一种常见的精神治疗类药物。它具有显著抑制躁郁症的作用，常被用作情绪稳定剂，但对于正常人的精神活动却无影响。由于躁郁症的病因目前尚不明确，因此人们对碳酸锂的作用机理并不清楚。它在神经科领域的功效是在实验中被意外发现的。由于锂盐对于人体具有毒性，因此在使用碳酸锂的过程中要进行严格的临床观察。

碳酸锂 (Li_2CO_3)

吃了很想上厕所的泻药

硫酸镁 ($MgSO_4$)

早在 18 世纪的欧洲，硫酸镁就已作为药品使用。它为白色晶状固体，带有苦味，俗称泻盐，具有良好的导泻功能，用于治疗便秘。这是由于人体肠道几乎不吸收硫酸镁，同时硫酸镁溶液中的结晶水也很难被肠道吸收，这样肠道内含有大量的水分，能够刺激肠道蠕动，从而促进排便。此外，镁离子能够扩张血管、抑制中枢神经系统，具有减压、镇定等作用，但需进行静脉或肌肉注射。

治疗胃酸过多的胃药

氢氧化镁 (Mg(OH)₂)

氢氧化镁是一种较为常见的碱，它呈白色粉末状，难溶于水。氢氧化镁常被用于中和胃酸，因为胃酸的主要成分为氯化氢，可与氢氧化镁发生酸碱中和反应而被消耗。但与硫酸镁类似，氢氧化镁也会引起腹泻，因此它常混合氢氧化铝作为短期缓解胃酸的药品。在工业上，氢氧化镁还有一个更广泛的用途，就是作为阻燃填充剂。这是因为它在高温下会分解成氧化镁和水，氧化镁是耐高温材料，可以让燃烧物的表面与空气隔绝，水则可以阻止燃烧的进行，从而达到阻燃的目的。

一氧化二氮 (N₂O)

一氧化二氮就是大名鼎鼎的"笑气"，是一种无色、有甜味的气体，被吸入人体后可以使人发笑。但这一过程可能会因人体吸入的氧气过少而引起突发性窒息，若吸入过多一氧化二氮则会引起肌肉麻痹，甚至会产生精神毒性，损害脑部。同时，一氧化二氮具有轻微的麻醉作用，能使人在丧失痛觉的情况下仍然保持清醒，因此常被用于外科领域，特别是牙科手术中。

让人发笑的气体（可助燃）

防龋齿的牙膏添加物

氟化钠 (NaF)

氟化钠通常为无色晶体或白色粉末状固体，是一种常用的含氟化合物。牙膏中会加入少量的氟化物以起到预防龋齿的作用，这是由于氟化物能够在牙釉质表面形成保护性的氟磷灰石，提高牙釉质的强度和抗酸能力，同时减少菌斑的形成。氟化钠具有一定毒性，虽然市售含氟牙膏中氟化钠的含量在安全范围内，但仍需控制牙膏用量，尽量不要吞咽牙膏。

二水合硫酸钙 (CaSO$_4$·2H$_2$O)

做雕像和固定骨骼的石膏

二水合硫酸钙就是通常所说的石膏，是一种用途极为广泛的材料。在医学领域，石膏主要用于外科中的固定治疗，如骨折患肢的固定等。虽然目前已有的新型高分子绷带具有更优异的性能，但石膏可以随意塑形、物美价廉，目前仍是主要的外科固定材料。此外，石膏也可以用于齿模和人造骨骼模型的制作。它在建筑材料和艺术创作领域也有着不可替代的作用。

从柳树皮中提取止痛药的升级版

2-乙酰氧基苯甲酸 ($C_9H_8O_4$)

2-乙酰氧基苯甲酸是一种著名的药物，医药界称其为乙酰水杨酸，而德国拜耳公司为其注册的商标名称"阿司匹林"则更广为人知。它是最重要的基本健康药物之一，也是历史悠久的镇痛解热药物，应用已逾百年。它至今仍是世界上应用最为广泛的镇痛药、解热药及消炎药，对于发烧、急性头痛、偏头痛及急性风湿热具有良好的治疗效果。但该药物也具有副作用，可能会引起消化道溃疡、胃出血及耳鸣等不良症状，因此使用时需遵医嘱。

青霉素 ($C_9H_{11}N_2O_4S$)

青霉素又称盘尼西林，是医药领域用于抗菌的常见药物。它是从青霉菌中提炼出的一类抗生素，也是人类最早发现的抗生素。1945 年，发现青霉素及其功效的3 位科学家共同获得了诺贝尔生理学或医学奖。青霉素高效且低毒，这是因为它主要破坏细菌的细胞壁从而杀菌，而人类细胞只有细胞膜，因此它对人类的毒性极小。但它同时又是人体过敏反应发生率最高的抗生素，在使用青霉素类抗生素前必须要先进行皮内试验。

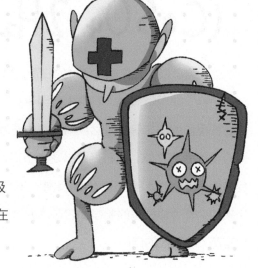

可以杀死细菌的抗生素

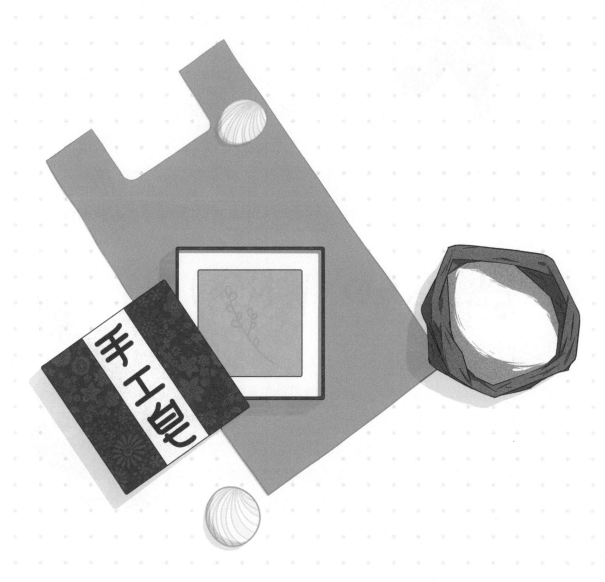

甲烷(CH₄)

甲烷是最简单的有机物，常温下为无色无味的气体，具有高度易燃性，燃烧时产生明亮的淡蓝色火焰。甲烷亦称为"瓦斯"，是天然气和沼气的主要成分，也是日常生活中极为重要的一种燃料。与氢气类似，甲烷与空气混合点燃后也可能发生爆炸，因此在日常生活中使用家用天然气时一定要注意通风。出于安全考虑，家用天然气中会添加乙硫醇等具有特殊腐臭气味的气体，这样一旦天然气发生泄漏，就可以明显地被感觉到，从而起到警报作用。

天然气的主要成分(分子为正四面体结构)

硝酸钾(KNO₃)

硝酸钾为无色或白色粉末，很早就为人们所熟知并使用，在我国古代人们称之为硝石或火硝，是制造黑火药的主要原料之一，这是利用它能够与硫黄和碳粉反应发生爆炸的特性。硝酸钾能够以天然矿物的形式存在，常见于碱土地区的干燥土壤中及洞穴壁上。它的用途也极为广泛，是农业中常用的钾肥，也是食品工业中常用的防腐剂。此外，由于钾元素的焰色反应为紫色，它也常被用于制造烟花，可以产生艳丽的紫色焰火。

黑火药的主要成分

天然的洗涤剂

四硼酸钠（$Na_2B_4O_7\cdot10H_2O$）

　　四硼酸钠俗称硼砂，是一种重要的含硼矿物，通常为白色固体。与硝酸钾类似，四硼酸钠也是很早就为我国古代人民所熟知并使用，中医曾有将硼砂以清凉解毒功效入药的记载。目前，四硼酸钠是制取含硼化合物的主要原料。含硼化合物在玻璃及陶瓷材料制造业中有着重要的作用，它可以提高玻璃的透明度和耐热性能，也是制造瓷釉和珐琅的原料之一。硼砂也曾用作家用洗涤剂等清洁产品，但目前基本已被其他性能更为优异的洗涤剂代替。

灭鼠药

磷化铝（ALP）

　　磷化铝是一种高毒性化合物，纯净的磷化铝呈暗灰色或暗黄色。日常生活中，它是一种常用的杀虫剂和杀鼠剂。市售的磷化铝通常为灰绿色或灰黄色粉末，这是由于它发生水解和氧化反应产生杂质的缘故。磷化铝极易吸收空气中的水分，分解产生具有毒性的磷化氢气体，从而对害虫及鼠类起到熏蒸毒杀的作用。此外，鼠类等啮齿动物也会因误食磷化铝而死亡。当然，磷化铝对于人体也是有毒的，因此应尽量远离它们的放置区域。

次氯酸钠(NaClO)

室温下，次氯酸钠为黄绿色液体，它的熔点为 18℃，与水互溶后在溶液中会生成次氯酸。次氯酸为不稳定弱酸，仅能存在于溶液中，具有很强的氧化性，因此常被用作漂白剂和消毒剂。日常生活中常用到的 84 消毒液的主要成分就是次氯酸。需要注意的是，不能将 84 消毒液和其他洗涤剂混合使用，否则可能会造成次氯酸与其他物质发生反应，生成氯气。之前已经提到，氯气是一种剧毒性气体，会对人体造成伤害。

消毒液的主要成分

次氯酸钙 (Ca(ClO)$_2$)

与次氯酸钠类似，次氯酸钙也是一种次氯酸盐，并且它的稳定性更高。次氯酸钙通常为白色微黄粉末，有强烈的氯气气味，是漂白粉的主要成分之一，常用于清洁公用游泳池和消毒饮用水。此外，次氯酸钙也常用于工业生产中的漂白过程，具有漂白速度快、效果好等优势，在化工生产中具有重要的作用。

漂白粉（小精灵的头发被漂白了）

喜欢吸水的干燥剂

氯化钙(CaCl₂)

氯化钙为白色固体，吸湿性极强，暴露于空气中极易发生潮解，因此需要在容器中密封储藏。也正是因为氯化钙具有这个性质，它成为生活中最常用的干燥剂之一，在一些家用除湿机中就能见到它的身影。此外，部分砂石路在铺设过程中也会铺撒一层氯化钙，因为氯化钙吸湿，可以保持路面湿润，具有镇灰的效用。在化工产业中，氯化钙也常常用作其他产品的脱水剂，但一些可与氯化钙发生反应的物质则不能用它来干燥脱水，例如氨气。

水泥的主要成分之一

氧化钙(CaO)

氧化钙就是大家熟悉的生石灰，为白色固体，是一种自古以来就为人类所使用的材料。在古代，氧化钙由石灰石或者贝壳烧结得到。石灰石和贝壳的主要成分为碳酸钙，它受热分解生成氧化钙和二氧化碳，这是最早为人类所知的化学反应之一。氧化钙是一种重要的建筑材料，是传统水泥的主要成分之一。它在遇水后转变为氢氧化钙，也就是熟石灰，氢氧化钙在空气中会与二氧化碳缓慢反应，生成碳酸钙，也就完成了水泥的硬化过程。当然，在现代，人们会在水泥中添加其他的硅氧化物以增强材料硬度。

制作塑料袋的主要原料

聚乙烯 ((C₂H₄)ₙ)

聚乙烯是一类高分子材料，是由乙烯单体分子通过聚合反应连接在一起形成的物质。它是结构最为简单的高分子材料，也是应用最为广泛的高分子材料之一。聚乙烯就是通常所说的塑料中的一种，广泛用于制造塑料袋、塑料薄膜等产品，至今已有 70 余年的历史。它具有较好的化学稳定性，抗多种酸碱腐蚀，但易燃烧，在日常的使用中需要注意远离火源。

肥皂的主要成分

硬脂酸钠 (C₁₇H₃₅COONa)

硬脂酸钠为白色粉末或块状固体，有滑腻感，在空气中具有吸水性。它是制造肥皂的重要材料，具有优良的乳化和去污性能。硬脂酸钠溶于水后会水解出硬脂酸胶体，这些胶体分子的疏水端会与衣物表面的污渍结合，随着搓揉的过程，逐渐包裹住污渍并将其与衣物分离，这样就完成了清洗过程。

气味难闻的气体

氨气(NH₃)

氨气是一种无色且具有异常强烈刺激性气味的气体。它极易溶于水，其水溶液称为氨水，具有弱碱性。氨气虽然气味难闻，却对地球生物意义重大。它以铵根离子的形式广泛存在于食物、药品及日常生活用品中，还是合成农业氮肥的主要原料。氨气是目前产量最多的无机化合物之一，其中绝大部分用于合成农业肥料，很多农肥具有臭味，就是它们挥发出氨气的缘故。

硝酸铵(NH₄NO₃)

硝酸铵为白色晶状固体，易溶于水，也具有一定的吸湿性，在空气中易吸湿结块。由于硝酸铵中的铵根和硝酸根均含有氮元素，它常被用作农业氮肥，而且是一种高氮肥。此外，硝酸铵是一种常见的爆炸物，它受热分解会产生大量气体，在不同条件下会产生诸如氨气、氮气、一氧化二氮、氧气等不同气体。这一反应过程通常会以爆炸的形式呈现出来，因此在贮存农肥时一定要注意避火，以免引发爆炸。

帮助植物生长的氮肥

磷酸二氢钙 (Ca(H₂PO₄)₂)

磷酸二氢钙呈白色粉末状，略溶于水，不具有吸湿性。它是农业磷肥的重要组成成分，也是最为常用的农肥之一，每年产量高达几百万吨。除此之外，磷酸二氢钙也是食品工业中常用的发酵剂。它具有弱酸性，当与碳酸氢钠等具有弱碱性的发酵剂混合后，会反应生成二氧化碳等气体，使得面包等烘焙食品蓬松绵软，同时也调节了食品的 pH 值，使得食品更加可口。

帮助植物生长的磷肥

磷酸氢二铵 ((NH₄)₂HPO₄)

含氮和磷的复合肥料

与磷酸二氢钙类似，磷酸氢二铵也为白色粉末状，易溶于水，是一种常用的农业肥料。它既含有氮元素，又含有磷元素，因此可以同时作为氮肥和磷肥使用，是一种农业复合肥。磷酸氢二铵还可用作阻燃剂，是一些常用消防产品的主要成分。它能够降低燃烧区域的温度，减慢燃烧物的热分解速度，在燃烧区域周围可以起到类似防火带的作用。

117

帮助植物生长的钾肥

氯化钾 (KCl)

氯化钾为白色粉末状物质，易溶于水，是农业生产中一种常用的速效钾肥，也是工业领域制造其他钾盐的原料。氯化钾的口感与氯化钠接近，部分食盐中也会掺入少量氯化钾，以降低氯化钠引发高血压的可能性。但是，摄入高剂量的氯化钾对于人体心肌功能具有严重的副作用，可能会导致心脏停跳或猝死。注射死刑就是通过静脉注射过量的氯化钾致使心脏停跳的。

可以催熟水果的气体

乙烯 (C₂H₄)

乙烯是一种无色、稍带甜香味的气体，也是一种结构较为简单的有机物。乙烯是合成纤维、塑料及橡胶等多种聚合物的重要化工原料，也是一种具有标杆性的材料，它的产量标志着一个国家石油化工业的发展水平。在植物生理学中，乙烯扮演着植物激素的角色。它作为植物的一种催熟剂，调控着植物的开花、结果及果实成熟。日常生活中，将熟透的水果和青涩的水果置于一处密封保存，青涩的水果很快就会熟透，这其实就是利用熟透的水果释放出的乙烯作为催熟剂的结果。

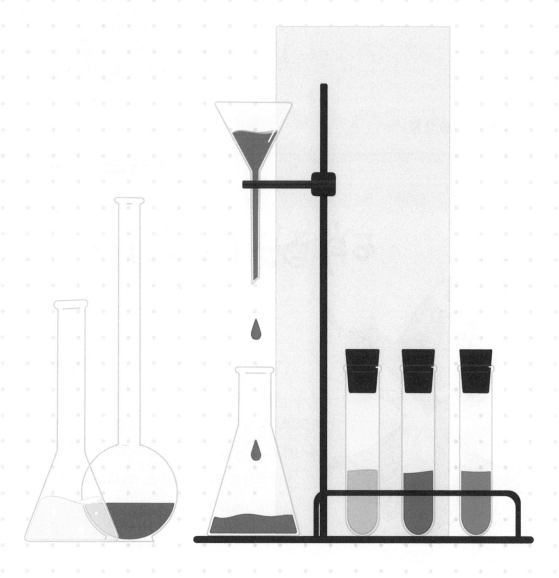

氯化氢 (HCl)

　　室温下氯化氢为无色气体，有刺激性气味。氯化氢易溶于水，其水溶液即为著名的盐酸，是一种强酸，工业用途广泛。"盐酸"这个词意味着它是和食盐有关系的酸，说的是它和食盐有着类似的组成元素。有趣的是，胃酸的主要成分也是盐酸，它能够协助人体更好地消化食物，并抵御外来病菌的感染。

酸家族——氯化氢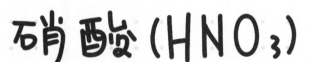

硝酸 (HNO₃)

　　纯硝酸为无色、易挥发的清澈液体，能够与水以任意比例互溶。常见的硝酸水溶液呈淡黄色，这是由于少量硝酸见光分解产生红棕色的二氧化氮的缘故，因此硝酸需要避光保存。与盐酸类似，硝酸也是一种强酸，具有强烈的腐蚀性和氧化性。硝酸对于人体有极大的危害，若不慎溅到皮肤上会引起严重烧伤，受伤的部位会慢慢变黄形成死皮，最后脱落，这是由于硝酸会使蛋白质发生变性，从而使皮肤变黄。

酸家族——硝酸

硫酸 (H₂SO₄)

　　硫酸为无色且带有酸味的液体，清澈而略显黏稠。它也能与水以任意比例互溶，但这一过程会释放大量的热，异常危险。硫酸与盐酸、硝酸并称常见的"三强酸"，具有强酸性和氧化性，浓硫酸还具有极强的脱水性。硫酸若与人体组织接触，不仅能够造成化学性灼伤，还会因为吸收组织中的大量水分，从而释放热量，造成二次灼伤。硫酸也是工业上的一种重要的化学品，用途十分广泛，可用于制造磷酸和硫酸钙、造纸及汽油提炼等工业生产过程。

　　氟化氢为无色气体，有强烈的腐蚀性，有剧毒，溶于水中生成氢氟酸。氢氟酸在水中不能完全电离，一般认为它是一种弱酸，但它也具有极强的腐蚀性，甚至能够溶解强酸都不能溶解的二氧化硅玻璃，因此必须存储在塑料容器中。氟化氢对于人体也有极大的危害，它能够与人体中的钙离子和镁离子等发生反应，导致严重甚至致命的损伤。

氟化氢 (HF)

121

氢氧化钠 (NaOH)

氢氧化钠又称烧碱或火碱，为白色蜡状固态颗粒或薄片，易溶于水，具有潮解性，能够吸收空气中的水蒸气和二氧化碳。氢氧化钠是一种具有高腐蚀性的强碱，能与前述的"三强酸"发生酸碱中和反应。与强酸类似，氢氧化钠也会对人体组织造成严重损害，并且由于氢氧化物对于碳水化合物的分解作用，它对人体的危害较盐酸和硝酸更大。氢氧化钠也有着极为广泛的应用，许多工业部门都需要它，例如用于化学药品制备、造纸业、冶炼铝材及金属钨等。

碱家族——氢氧化钠

氢氧化钾 (KOH)

氢氧化钾与氢氧化钠极为类似，呈白色固态颗粒或薄片形貌，极易溶于水，极易潮解，亦可吸收空气中的二氧化碳。氢氧化钾也是一种典型的强碱，有强烈的腐蚀性，对于人体的危害与氢氧化钠相当。氢氧化钾是一种重要的工业原料，在医药、化妆品、染料、电化学领域均有着重要的应用。

碱家族——氢氧化钾

乙炔(C₂H₂)

乙炔又称电石气，常温下是一种无色无味、极其易燃的气体，但工业用乙炔由于含有硫化氢、磷化氢等杂质而带有类似大蒜的气味。乙炔燃烧时能够产生极高的温度，在纯氧中的燃烧温度在 3000℃ 以上，是工业上用于切割和焊接金属最主要的手段。它燃烧时会产生明亮的白色火焰，俗称"氧炔焰"。乙炔也是有机合成工业的重要原料之一，用于生产各种高聚物。

氧化镁(MgO)

氧化镁俗称苦土，是一种白色的无定形粉末状物质，自然界中的氧化镁主要以方镁石矿物的形式存在。氧化镁是一种性质优异的阻燃剂，不仅具有高度的耐火绝缘性能，而且低烟低毒。传统的含卤阻燃剂虽然阻燃效果更好，但在火灾中会发生热解，生成大量烟雾和有毒的腐蚀性气体，反而成为危害生命的杀手，因此逐渐被淘汰。氧化镁材料因为具有阻燃性能，被广泛应用于工业生产中，它是制备熔炉衬里、耐火坩埚和耐火砖的主要材料。

高温耐火材料

二氧化氯 (ClO₂)

二氧化氯为黄绿色气体，带有辛辣气味。它是氯元素最稳定的氧化物，具有极强的氧化性，常被用作水处理材料和漂白剂。在目前的自来水供给体系中，二氧化氯是给自来水消毒的主要物质，它能够有效地杀死各种病毒和细菌，同时又不会像次氯酸钠等消毒剂可能会分解产生氯气，对人体不存在潜在的危害。二氧化氯也常用于给面粉和木质纸浆漂白。

用于消毒水源的物质

硫酸铝 (Al₂(SO₄)₃)

硫酸铝多为白色晶状固态，易溶于水，主要以水合物的形式存在，是一种有着广泛用途的工业试剂。硫酸铝溶于水中后会水解形成氢氧化铝胶体，具有絮凝作用，能够促使水中的悬浮物质凝结沉降，再经由过滤即可达到净化水质的作用。它的这种絮凝作用也广泛应用于造纸工业中胶料的沉淀。此外，氢氧化铝胶体可以使得染料更易附着于植物纤维之上，因此硫酸铝也常用作媒染剂。

用于净化水源的物质

红棕色污染气体

二氧化氮 (NO₂)

室温下的二氧化氮为有刺激性气味的红棕色气体，是常见的氮氧化物之一，易溶于水。它主要来源于汽车尾气的排放、燃料的燃烧以及一些工业生产过程，如工业合成硝酸过程。二氧化氮是一种影响空气质量的主要污染物，具有毒性，对于人体组织特别是呼吸系统具有强烈的刺激性和腐蚀性，会引发肺水肿等中毒症状。

火山爆发时会释放出的气体

二氧化硫 (SO₂)

二氧化硫为无色气体，具有强烈刺激性气味，易溶于水，是最常见的硫氧化物。二氧化硫也是主要的大气污染物之一，绝大部分来源于化石能源的燃烧，如煤炭和石油中都含有硫化物，燃烧后就会生成二氧化硫。此外，火山爆发时也会产生大量二氧化硫。它还具有一个特殊的性质：在水存在的情况下，它可以作为还原剂使物质褪色。但不同于过氧化氢和次氯酸钠等漂白剂，二氧化硫的漂白作用是可复原的。被漂白的物质放置在空气中，可以被氧气氧化，恢复原来的颜色。

三氧化硫 (SO₃)

与二氧化硫相同，三氧化硫也是一种硫氧化物，带有和二氧化硫类似的气味。室温下它为液体，但在低温环境中很容易转变为针状固体，加热后又可以转变为气体。三氧化硫易溶于水，溶于水中生成硫酸，因此它是制备硫酸的重要中间体。它也是一种重要的大气污染物，是酸雨的主要来源，对于人体、农作物、水生生物和建筑物都有着严重危害。

形成酸雨的物质

一氧化碳 (CO)

一种有毒的气体

一氧化碳是一种无色无味的剧毒气体，主要由含碳物质不完全燃烧产生，化石能源的燃烧过程中会产生大量的一氧化碳。一氧化碳对于人体有非常大的危害，它与人体中血红蛋白的结合能力远远大于氧，并且一旦结合就很难解离。若人体吸入大量的一氧化碳，会阻碍血红蛋白运输氧气，造成血液缺氧，可能导致昏迷，严重的甚至可能致死，这就是一氧化碳中毒，因为煤气中含有大量的一氧化碳，所以俗称煤气中毒。冬天利用木炭或者煤炉取暖时，若门窗紧闭，空气不流通，木炭或煤很容易不完全燃烧产生一氧化碳，对人体造成危害，因此这种情况下一定要注意保持空气流通。

葡萄糖($C_6H_{12}O_6$)

葡萄糖是自然界中分布广泛且最为重要的一种单糖，广泛存在于葡萄、无花果等水果及蜂蜜中。纯净的葡萄糖为无色晶体，有甜味但甜度不及蔗糖。葡萄糖的发现史已逾两百年，其化学结构的解析者曾因此获得 1902 年的诺贝尔化学奖。这是由于它在生物学领域有着重要的地位，它是活体细胞能量的主要来源。植物通过光合作用合成葡萄糖，将光能转化为化学能来利用和存储。人体中的血糖指的就是血液中的葡萄糖，它被运送到人体组织的各个细胞中，为细胞活动提供能量。

为生命提供能量的糖

棕榈酸($C_{16}H_{32}O_2$)

棕榈酸又称软脂酸，按照有机化学的命名法则称为十六（烷）酸，是一种饱和高级脂肪酸。它在自然界中广泛存在，以甘油脂的形式普遍存在于动植物的油脂中，如棕榈油、牛奶、牛油等。人工合成的棕榈酸由植物油或动物脂肪皂化而成，为白色晶体，用于制造肥皂、洗面奶等。婴幼儿配方奶粉中也会添加棕榈酸，这是因为棕榈酸是母乳中主要的饱和脂肪酸，为新生儿的成长提供了重要的能量保障。

在棕榈油中大量存在的脂肪酸

组成 DNA 的 4 个脱氧核糖核苷酸之一

脱氧鸟苷单磷酸
($C_{10}H_{14}N_5O_7P$)

脱氧鸟苷单磷酸是脱氧核糖核苷酸的一种，是脱氧核糖核酸（DNA）的小分子单体。每个脱氧核糖核苷酸都包含 3 个部分：碱基、脱氧核糖和磷酸基团。DNA 是一种长链聚合物，由相邻的脱氧核糖核苷酸的脱氧核糖和磷酸基团相连，组成长链骨架。脱氧核糖核苷酸的碱基一共有 4 种，这些碱基沿着 DNA 长链以特定的顺序排列，是氨基酸序列合成的依据，这就是遗传指令，俗称基因。

谷氨酸（$C_5H_9NO_4$）

谷氨酸是 20 种常见氨基酸中的一种，是组成生命体中蛋白质的主要结构单元。与 DNA 等生物大分子一样，蛋白质是地球生物的必要组成成分，参与生命活动的每一个进程。例如，酶作为最常见的一类蛋白质，参与催化多种生物化学反应，是生命体新陈代谢的主要推动力。谷氨酸是自然形成的最丰富的氨基酸之一，最早是从海带中分离获得的，为无色或白色晶体。它具有特别的鲜味，其钠盐俗称味精。之所以选用谷氨酸钠作为日常生活中的调味剂，是考虑到它的溶解性较好，比较适合烹制菜肴。

组成蛋白质的 20 种氨基酸之一

羟磷灰石 (Ca₅(PO₄)₃(OH))

$Ca_5(PO_4)_3(OH)$

骨头的主要成分

羟磷灰石是一种天然磷灰石矿物，纯净的羟磷灰石粉末呈白色，但天然矿石中会因含有杂质而显其他颜色。羟磷灰石对于生物体来说很重要，它是脊椎动物骨骼和牙齿的主要成分。若骨骼中的钙质往血液中移动，造成矿物质流失，这就是通常所说的骨质疏松症。它会造成骨骼内孔隙增多，骨质脆弱，增大造成骨折的风险。

使叶子呈绿色的物质

叶绿素a (C₅₅H₇₂O₅N₄Mg)

$C_{55}H_{72}O_5N_4Mg$

叶绿素是广泛存在于植物中的一类光合色素，是植物进行光合作用的重要物质。植物利用叶绿素吸收光能，将二氧化碳与水转变为氧气和葡萄糖等碳水化合物。叶绿素本身呈绿色，这也是大多数植物显绿色的主要原因。叶绿素存在着多种结构，其中叶绿素 a 是最为常见的一种。叶绿素的提取者获得了 1915 年的诺贝尔化学奖。

二氧化碳(CO_2)

二氧化碳为无色气体，是空气中常见的成分。它是人体代谢反应后产生的气体，也是植物进行光合作用的必要成分，地球生态以二氧化碳作为纽带完成循环过程。二氧化碳在日常生活中应用广泛，啤酒、碳酸饮料中释放的气泡就是它。此外，固态的二氧化碳称为干冰，在室温下可直接汽化生成二氧化碳气体，这一过程会吸收大量热量，因此可以用于人造雨、食品冷冻等，还可以为舞台提供云雾效果。

动物呼吸排出的气体

尿素($CO(NH_2)_2$)

尿素又称脲，是一种常见的有机化合物，按照有机化学的命名法则称为碳酰二胺，为无色晶体或粉末。尿素是哺乳动物蛋白质代谢后所产生的含氮代谢物，它由肝脏产生，经由血液后在肾脏富集，最后排出体外。它也是一种常用的植物氮肥。在历史上，尿素是人工合成的第一种有机物，在近两百年前被意外合成出来，由此也开辟了有机化学领域。

脲里面含有的一种物质

生物腐烂后释放出的臭气

腐胺（$C_4H_{12}N_2$）

腐胺是一种有机化合物，按照有机化学的命名法则，称为 1,4-丁二胺。一般情况下腐胺为无色晶体，天气较热时会变为无色至微黄色液体。腐胺是生物胺的一种，具有恶臭。自然界中的腐胺多是生物活体或尸体中的氨基酸降解产生的，它是腐败生物散发恶臭的主要原因，也就是所谓"尸臭"的来源。

具有臭鸡蛋气味的气体（属于酸家族）

硫化氢（H_2S）

硫化氢为无色、易燃气体，具有广为人知的类似臭鸡蛋的恶臭气味，当然这是低浓度的硫化氢气体带给人们的感受。若硫化氢浓度过高，则会麻痹人体的嗅觉神经，反而让人闻不到它的气味。硫化氢具有急性剧毒，对于人体的呼吸系统及神经中枢都有刺激性，甚至可以致人死亡。

自然界中，硫化氢存在于天然气、火山气体及温泉之中。一些生活在硫黄泉等地的微生物，如紫硫细菌等，会利用硫化氢进行光合作用。

碳化硅(SiC)

莫桑石

碳化硅是一种类似陶瓷的固态化合物，俗称金刚砂。天然碳化硅以莫桑石这种罕见的矿石形态存在。虽然在大自然中较为罕见，但目前碳化硅已经实现工业化生产。碳化硅属于超硬材料，硬度略低于钻石，但生产成本低廉，因此常被当作钻石的替代品，广泛用于制造磨料、汽车刹车片和防弹背心等。碳化硅不仅性能与钻石类似，外观上也与钻石相差无几，肉眼很难分辨出差别。珠宝市场中，常有用莫桑石假冒钻石欺骗外行的事件。不过，由于与钻石的成分结构具有差异，莫桑石的宝石学鉴定还是较为容易实现的。

二氧化硅(SiO₂)

二氧化硅是自然界中广泛存在的一种物质，是沙土的主要组成成分。自然界中它的含量约占地壳质量的 1/10。二氧化硅存在结晶态和无定形态两种形态。结晶态的天然二氧化硅俗称石英，是一种储量丰富的矿物。石英有多种变体，其中很多变体都属于宝石，例如无色透明的晶体就是水晶，带有条带状纹理的晶体集合体则称为玛瑙。它们很早就被当作宝石，在很多古代遗迹中都有着它们的身影。石英玻璃则是无定形态二氧化硅的一种，是极为常见的一种材料。此外，二氧化硅家族中最为名贵的宝石品种称为欧泊，学名蛋白石，是由非晶质二氧化硅水合物构成的，它以丰富多样的变彩效果受到人们的广泛喜爱。

水晶(晶洞存在形式)

氧化铝(Al_2O_3)

同二氧化硅类似，氧化铝也是自然界中储量较多的一种物质。自然界中以晶态的形式存在的氧化铝称为刚玉。其中，因掺杂金属铬离子而显红色的刚玉就是红宝石，其他的统称为蓝宝石，也就是说，蓝宝石不仅仅有蓝色的，也存在其他颜色。而蓝宝石中的蓝色，是由于掺杂了少量的铁和钛杂质的缘故。通常所说的五大名贵宝石，除钻石外，还包括红宝石和蓝宝石这两种宝石。此外，氧化铝是一种重要的工业原料，主要用于生产金属铝，对于国民经济的发展有着重要的作用。

红宝石（五大名贵宝石之一）

硅酸铍铝($Be_3Al_2(SiO_3)_6$)

硅酸铍铝是一种含有铍和铝的复杂硅酸盐，俗称绿柱石或绿宝石。同蓝宝石类似，绿宝石并不是只显绿色。纯净的绿宝石是无色透明的，而掺杂了金属铬离子的绿宝石才会显现翠绿色，就是著名的"祖母绿"，它在五大名贵宝石中排名第四。祖母绿自古以来就被视为一类名贵的宝石，主要用作珠宝饰物，欧洲皇室就有悠久的佩戴使用祖母绿的历史。若掺杂铁等其他金属离子，绿宝石会显现海蓝色，被称为海蓝宝石；含有锰元素的绿宝石会呈现粉橙色，俗称摩根石。此外，绿宝石也存在金黄色、粉红色等多种不同颜色的品种。

祖母绿（五大名贵宝石之一）

铝酸铍（$BeAl_2O_4$）

铝酸铍是一种铍铝氧化物，与硅酸铍铝类似，天然存在的铝酸铍也是一类名贵宝石，通常称为金绿宝石。金绿宝石是具有玻璃光泽的透明晶体，从它的名字可以看出，它具有黄色、绿色等颜色，这与其中所含铁等微量元素的含量有关。此外，金绿宝石中含有的铬元素和钛元素会引起特殊的光学效应，例如在不同光源下会变色，或者在宝石表面出现一条类似猫眼的光带，这两种金绿宝石分别称为变石和猫眼。极少数的变石也具有猫眼效应，称为变石猫眼，是一种极为罕见的宝石。需要注意的是，猫眼效应是一种特殊的光学效应，在很多宝石中都可能出现，但是只有具备猫眼效应的金绿宝石才会被称为猫眼石。猫眼石在五大名贵宝石中排名第五，也是大众了解相对较少的一种宝石。

猫眼石（五大名贵宝石之一）

硅酸镁铝（$Mg_3Al_2(SiO_4)_3$）

天然存在的硅酸镁铝矿物称为红石榴石，是相对较为常见的宝石。若将硅酸镁铝中的镁离子和铝离子等阳离子替换为其他的金属离子，则可以得到其他颜色的石榴石。由于该硅酸盐体系结构相对稳定，很多金属阳离子都可以参与替换，因此石榴石家族非常庞大，存在含铝石榴石和含钙石榴石两大系列。例如，铁铝榴石、镁铝榴石和锰铝榴石等都属于含铝石榴石，而钙铝榴石、钙铬榴石及钙铁榴石等则属于含钙石榴石。石榴石不仅种类繁多，而且颜色各异，几乎涵盖了整个光谱。石榴石很早就为人类所使用，除了用作宝石之外，它也被人们用作研磨料。

红石榴石

含氟硅酸铝盐 ($AL_2SiO_4(F,OH)_2$)

含氟硅酸铝盐是一种成分复杂的硅酸盐，是硅酸铝盐矿物接触到含氟蒸气形成的。它也是一类著名的宝石，称为黄玉。典型的黄玉为淡黄色或白葡萄酒色，但常因掺杂其他杂质而显蓝色、褐色甚至灰色。黄玉又称托帕石，这是其英文名 Topaz 的音译。因为黄玉常常会和黄水晶等其他矿物混淆，所以才用托帕石来称呼它。1740 年，巴西出产了一块名为 "Braganza" 的宝石，这块宝石被认为是当时最大的钻石，葡萄牙王室将它镶嵌在王冠上用以展现本国强盛的国力。多年后科学家才发现，这块所谓的钻石其实是无色的托帕石，现被珍藏于德国德累斯顿城堡的绿穹珍宝馆。

黄玉

硅酸铝钠 ($NaALSi_2O_6$)

硅酸铝钠是被誉为"东方瑰宝"的翡翠的主要成分。翡翠是一种著名的玉石，虽然有关它的文献记载仅可追溯到我国明末时期，但是它在中国人心中的地位之高、认识度之广、受欢迎度之强，是独一无二的。翡翠的颜色主要呈翠绿色或红色，也有白色、黄色和紫色。翡翠这一名称是由翠鸟而来，翠鸟是一种毛色鲜艳夺目的鸟类，雄鸟称为翡，羽毛为红色，雌鸟名为翠，羽毛呈绿色，刚好与这种玉石的颜色相对应，因此此种玉石被冠以"翡翠"之名。翡翠的颜色也与其中所含的微量金属离子有关，不含金属杂质的翡翠为白色，铁离子使得翡翠显红色或黄色，而翠绿色则是因为其中含有铬离子的缘故，极少数含锰离子的翡翠呈现紫色。

翡翠

碳酸钙 ($CaCO_3$)

碳酸钙俗称石灰石、大理石或方解石，是一种极为常见的矿物，在地球上的储量很丰富。碳酸钙不仅以岩石和矿物的形式存在，它也存在于生物体中，如蚌类的外壳和珊瑚虫的骨骼。珊瑚就是珊瑚虫的骨骼，是珊瑚虫世代累积而成的石灰质遗骨堆。珊瑚是一种珍贵的宝石，它形似树枝，具有很高的工艺美学价值，我国的大量史料中均有珊瑚作为皇家贡品的记载。珊瑚通常为白色，是纯净碳酸钙的颜色。此外也有红色的珊瑚，与其他宝石类似，这是由于珊瑚在生长过程中吸收了海水中的铁离子的缘故。珊瑚的生长对海水的压力、温度和洁净度的要求很高，随着污染和气候的变化，宝石级珊瑚的产出日益减少。

珊瑚

树脂化石 ($C_{10}H_{16}O$)

树脂化石是松树分泌出的树脂经过快速的地层掩埋、挤压与地热变化后形成的化石，也就是大家所熟知的琥珀。它是一种透明至半透明、带有光泽的非晶态宝石，常为黄色、红色、褐色或乳黄色，带有松香气味，质软而温润。特别的是，部分琥珀在形成过程中会包裹一些内容物，比如昆虫、植物和矿物，对于研究远古生物具有重要的意义。2016年12月，中国科学家首次发现了包裹着非鸟恐龙尾部的琥珀化石，从该化石中可以观察到恐龙尾部披覆羽毛，包含了丰富的羽毛和软组织信息，这为羽毛的演化发展提供了新的证据。

琥珀

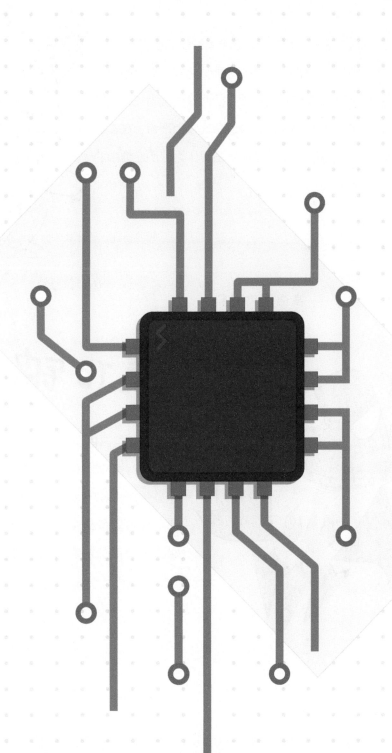

氢存储材料

氢化锂(LiH)

氢化锂为无色晶体，偶尔也会因含有杂质而显灰色。它是锂的氢化物，是氢含量最高的一种氢化物。氢化锂在高温下会分解产生氢气和金属锂，因此曾被视为一种优异的储氢材料，但它又相对稳定，分解条件较为严苛，在实际应用中存在一定困难。目前，氢化锂主要作为核反应堆中的冷却剂和防护材料。

高温耐火材料

氧化铍(BeO)

氧化铍呈白色晶态固体状，是一类著名的电绝缘材料，也具有良好的热传导性和较高的熔点。氧化铍的这些特性使得它成为一种优异的耐火材料。遗憾的是，氧化铍具有毒性，可能致癌并会导致慢性铍中毒，因此并未得到广泛使用，目前主要用于火箭发动机以及一些精密仪器的内部构件中。

联氨(N₂H₄)

联氨又称肼或者联胺，室温下为无色油状液体，具有氨的气味，是一种剧毒化合物。联氨在燃烧过程中会释放大量的热，常用作人造卫星和火箭的燃料。通常用于火箭发动机中的燃料除了联氨外，还需要助燃剂四氧化二氮。这两种物质只要接触后就可以自发燃烧，对于控制点火较为便利。但因联氨对于环境具有很大的危害，目前也有一些新型燃料，如液氧等，代替联氨作为火箭燃料。

● 火箭燃料

氮化硼(BN)

具有和碳相似的结构和性质

氮化硼是一种白色固体，存在多种晶态，和碳的同素异形体极为类似。其中，六方氮化硼是最常见的氮化硼形态，它是层状结构，类似石墨，也有"白石墨"之称，是一种性能优良的润滑剂。六方氮化硼的导电性比石墨差，在某些石墨因导电而无法胜任润滑剂的场合，它发挥了重要作用。另外，还有一种立方氮化硼，它是一种硬度仅次于钻石的物质，导热性良好，价格相对低廉，作为工业磨具材料有着广泛的应用。它也可以用于钻石钻头无法胜任的场合，如在加工铁、镍等金属材料时，钻石会与这些物质发生化学反应而造成刀具的迅速磨损，但立方氮化硼钻头就不会出现这样的问题。

制作特殊轴承的材料

氮化硅 (Si_3N_4)

一般情况下，氮化硅为灰色粉末状物质。它是一种性能优良的陶瓷材料，具有较低的热膨胀系数、较高的弹性模量，断裂韧性也高于一般的陶瓷，在骤热骤冷的条件下不会发生断裂，因此可用于制造具有优异耐热冲击性能的高强度硬陶瓷。同时它具有优异的耐磨损性能，在一些高温环境中有着重要的用途，广泛用于航天飞机及汽车的发动机轴承及零件、汽轮机的叶片等部件中。

超导材料

二硼化镁 (MgB_2)

二硼化镁是一种简单的二元化合物，通常呈灰黑色粉末状。它是一种新型超导材料，也就是说，当温度降至某一临界点时，材料的电阻会变为零。二硼化镁是目前发现的临界温度最高的金属化合物超导材料之一。当然，与复杂氧化物超导体相比，硼化镁的临界温度并不高，但它是一种简单而稳定的物质，价格低廉，合成简单。同时它的延展性也远好于氧化物超导体，易于加工。因此，二硼化镁是一种极具潜力的超导体材料。

氮化铝(AlN)

氮化铝为白色至淡黄色粉末状固体。与氮化硅类似，氮化铝热传导性良好，热膨胀系数小，是优良的耐热冲击陶瓷材料。同时，它也类似氧化铍，是一种陶瓷绝缘体，并且不具有毒性。此外，氮化铝还具有压电效应，这就意味着它能够将压力这种机械能转换为电能。因此，它也可以用于检测声音等特殊用途。

压电材料

氟化镁(MgF₂)

氟化镁是一种白色四方晶体或粉末，具有毒性。氟化镁晶体具有良好的偏振特性，常用于制造光学透镜镀膜。例如相机镜头等光学器材表面常会镀上一层氟化镁膜层。这层膜层可以减少镜头对于入射光线的反射，提高光线的利用率，减少光晕，使得相机的感光元器件能够更加清晰地捕捉图像，提高成像质量。

制作特殊镜片的材料

防电弧绝缘气体

六氟化硫 (SF₆)

六氟化硫是一种无色无味的气体，微溶于水。它不属于稀有气体，但却具有良好的化学惰性。六氟化硫具有良好的电气绝缘性能及优异的灭弧性能，是一种新型超高压绝缘介质材料，目前主要作为输配电设备的绝缘与防电弧气体。随着科技的发展，六氟化硫在电气、采矿、医疗及制冷工业中有着越来越广泛的应用。

三氟化氮 (NF₃)

电子工业刻蚀气体

三氟化氮是一种无色无味、相对稳定的气体。在微电子工业领域，三氟化氮是一种优良的等离子刻蚀气体，在离子刻蚀过程中，它可以裂解产生活性氟离子，这些氟离子对于硅和钨的化合物具有极高的选择性。同时，三氟化氮能够在刻蚀过程中保持优异的刻蚀速率，并且在刻蚀物表面不会造成残留，因此是一种良好的等离子体刻蚀清洗剂，在芯片制造、高能激光器领域得到了广泛的应用。

附录

名词解释

pH 值： pH 值又称氢离子浓度指数、酸碱值，是溶液中氢离子活度的一种标度，也就是通常意义上的溶液酸碱程度的衡量标准，其范围通常为 0~14。

X 射线： X 射线是一种波长范围为 0.01~10nm 的电磁辐射形式。

标准状况： 标准状况指的是标准温度和标准压强，一般指温度为 0℃、压强为 1 标准大气压（1 标准大气压 = 101.325kPa）。气体的体积、密度受温度和压强影响较大，因此需要在同一标准下进行比较。

常温常压： 常温常压指的是常见温度和常见压强，是化学体系中用于描述物质状态的一种常用条件，通常指 25℃、1 标准大气压。

单质： 单质是由同种元素组成的纯净物。

电子： 电子是组成物质的一种基本粒子，无法被分解为更小的粒子。电子带有负电荷，它的带电量是电量的最小单元。

非金属： 化学元素中，除了金属外的其他元素称为非金属。

分子： 分子是构成物质的一种粒子，由两个或两个以上的原子组成，原子之间通过化学键相连。分子能够独立存在，并且也能够保持物质的化学性质。

共聚物： 共聚物是由两种或更多单体聚合所形成的聚合物，它的结构中具有至少两种结构单元，结构单元之间以化学键连接。

光的色散： 在光学中，对于不同波长的光，介质的折射率也不同。由多种波长的光混合组成的自然光在穿过介质时被折射，组成自然光的不同波长的光分开，这种现象称为自然光的色散，简称光的色散。

核聚变： 核聚变是指两个较轻的原子核结合形成一个较重的原子核和一个很轻的原子核（或粒子）的一种核反应形式，这一过程会释放出巨大的能量。

恒星： 恒星是由引力凝聚在一起的球形发光等离子体。太阳是最接近地球的恒星。

化合物： 化合物是由两种或两种以上元素组成的纯净物。这些元素具有固定的质量比，并通过化学键结合形成化合物。

化学反应： 化学反应是指一种或多种反应物经由化学变化转化为不同于反应物的产物的过程。

化学元素： 化学元素（简称元素）是质子数（即核电荷数）相同的一类原子的总称，包括自然界中的 100 多种金属和非金属物质。元素构成世间万物。

结构式： 用元素符号和代表化学键的短横线表示单质、化合物分子中的原子组成与连接顺序和成键方式的化学式称为结构式。

金属： 金属是一类具有共同特性的化学元素的统称，这些特性包括具有特殊光泽、富有延展性、容易导电、传热等。

晶体： 结晶过程中，原子、离子或分子按照一定的周期性，在空间排列形成具有一定规则的几何外形的固体，称为晶体。

巨行星： 巨行星是任何的大质量行星。它们通常由低沸点的物质（气体或冰）组成，而不是岩石或其他固体，但是大质量固体行星也可以存在。太阳系中有 4 颗巨行星——木星、土星、天王星和海王星。

聚合反应： 聚合反应是将一种或几种具有简单小分子的物质合并成具有大分子量物质的过程。

矿物质： 矿物质又称为无机盐及膳食矿物质，是生物体内除了碳、氢、氮和氧之外所必需的各种化学元素的统称，也是构成人体组织、维持正常的生理功能和生化代谢等生命活动的主要物质。

离子： 原子会因自身或外界作用失去或得到电子，使得原子的最外层电子达到稳定结构，生成的这种粒子称为离子。这一转变过程就是电离过程。

气体： 气体是物质的 4 种基本状态之一，其他 3 种分别为固体、液体和等离子体。气体与液体和固体的显著区别就是气体粒子之间间隔很大。

热导率： 热导率是指材料直接传导热量的能力，或称热传导率。热导率定义为单位截面、长度的材料在单位温差下和单位时间内直接传导的热量。

乳化： 液体存在水相和油相两种物相，一相液体以微小液滴状态分散于另一相液体中形成非均相液体分散体系的过程，称为乳化。

水合物： 水合物是指单质或化合物与水分子结合形成的固体物质，水分子的组成固定或在一个范围内变动。

同素异形体： 同素异形体是指由同样的单一化学元素构成，但结构和性质不同的单质。同素异形体之间的性质差异主要表现在物理性质上。

稀有气体： 稀有气体是指元素周期表上的 18 族元素，过去也称惰性气体。在常温常压下，它们都是无色无味的单原子气体，很难进行化学反应。

压电效应： 压电效应是指电介质材料中一种机械能与电能互换的现象。

焰色反应： 焰色反应是化学上用来测试化合物中是否存在某种金属的方法，该反应为物理变化。焰色反应的原理为每种元素都有特定的光谱。

有机物： 有机物是有机化合物的简称，是含碳化合物、碳氢化合物及其衍生物的总称。需要注意的是，一氧化碳、二氧化碳、碳酸、碳酸盐、金属碳化物等不属于有机物范畴。

元素周期表： 元素周期表是根据原子序数从小至大排序的元素列表。目前通用的元素周期表由德米特里·门捷列夫于 1869 年发明，用以展现当时已知元素特性的周期性。

原子： 原子是元素能够保持其化学性质的最小单位。原子由致密的原子核和若干围绕在原子核周围的电子构成，其中原子核内通常包含质子和中子。

美丽科学"嗨!元素"小分队成员

高昕
策划 + 文字

关昱轩
平面设计(书籍排版)

李昱儿
编剧

梁琰
出品人

王鸿涛
主美术(元素形象+插画)

王晓宇
品牌运营

项启瑞
文字协助(Geeky文字)

张报晖
插画师(化合物形象)

张同同
插画师(化合物形象)

张玥
艺术总监 + 策划

感谢方方在《嗨!元素:元素使者和化合物精灵》图书
制作过程中提出的宝贵意见和建议。

嗨！元素

小剧场

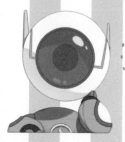

听说更多的《嗨！元素：小剧场》
在微博、微信及腾讯漫画更新呢！！

扫描二维码即可关注微博

开学焦虑症

注释君：溶液中的氢如果失去电子变成阳离子，会使溶液呈酸性；强酸有很可怕的腐蚀性。

注释君：由于氦气比空气轻，又稳定安全，因此气球中的填充气体主要是氦气。

超级大暖男

注释君：锂离子具有安定情绪的作用，碳酸锂等部分含锂化合物可以用于治疗躁郁症，但其中具体的作用机理目前尚不清楚。

拍X光

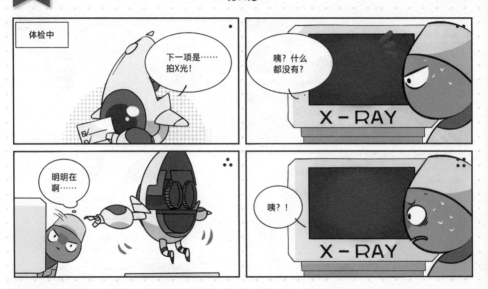

注释君：铍的原子序数和 X 射线吸收率都很低，它对 X 射线几乎是透明的，因此它被应用于 X 射线管的辐射窗口。

忍不了

注释君：硼酸可以用作杀虫剂，在消灭蟑螂方面效果显著。

哆啦C梦

注释君：活性炭能够吸附水中杂质，净化水质。但一些有害物质无法被活性炭吸附，所以仅仅经过活性炭过滤的水还是不能喝的！

运动狂魔

注释君：目前绝大部分炸药的主要成分都是含氮化合物。

称体重

注释君：氧的相对原子质量比氢大得多。

氟的发现

化学元素发现史上持续时间最长、参与化学家人数相当多、危险很大的，莫过于单质氟的制取了。

那废话！

从瑞典化学家舍勒制得氢氟酸到法国化学家莫瓦桑分离出单质氟共经历了100多年的时间。

哼！小样！

1886年，莫瓦桑在低温下用电解氟氢化钾与无水氟化氢混合物的方法制得了游离态氟。

——法国化学家莫瓦桑

最活泼的非金属氟终于被人类征服了，真是有志者事竟成！

谁被你们征服了！滚！！！

注释君：氟异常危险，它的制取十分艰辛。

一直喵的滑铁卢

注释君：通电条件下，氖气会发出明亮的橙红色光芒，广泛用于制造霓虹灯。

形象代言人

注释君：食盐的主要成分是氯化钠，对于人类来说不可或缺，但是吃多了可能会齁死，也有高血压的风险。

我"闪"

注释君：镁粉曾被用在老式照相机里，充当"闪"光灯。

剪窗花

注释君：金属铝质地较软，用剪刀就能剪开。

抢红包

注释君：我们常用的计算机、手机等智能产品的芯片就是由硅加工而来的。

元旦晚会彩排之滑板鞋

注释君：摩擦红磷会着火，我们目前用的火柴都是红磷火柴。

又一副业

注释君：自然界中硫的单质并不少见，如火山口附近常有硫黄。

叛逆少女

氯从小就受到哥哥的严格教导

你怎么连放个毒气都不会！

于是开始了她的叛逆期

挑染

耳环

文身

结果引发了哥哥更大的不满

看看你是什么样子！就不能换个爱好吗？

听话的氯又找到了新的爱好

二次元中毒少女

手办

扭蛋

注释君：聚氯乙烯，俗称 PVC，是制作手办时常用的材料。

春游之稀有气体家族

注释君：稀有气体也称为惰性气体。

打遍天下无敌手

注释君：钾是一种极为活泼的金属，性格十分火爆。

晒太阳

注释君：紫外线辐射能够促进维生素 D 的合成，维生素 D 能够调节钙和磷的吸收，促进骨骼生长。不过要小心不要晒伤。